知れば知るほどおいしい!

クラフトビールを楽しむ本

Gakken

世界には、長い歴史の中で
人々に愛され続けてきたビールがあります。
同時に、産声をあげたばかりの
新たな１本との出合いもあります。

クラフトビールはいま、まさに百花繚乱。
私たちは国内外の数多くの味わいを
堪能できる時代になりました。

それぞれのブルワリーのスピリットに、
二つとない個性に、
きょうも楽しく酔いしれようではありませんか。

麦とホップが奏でる美しき一杯に、乾杯！

FYB!
FARYEAST
BREWING

BAR

新たなブルワリーも続々登場！

日本のクラフトビール事情

お店選びや家飲みのシーンにおいて
「クラフトビール」を楽しむ人が増加中。
新たなブルワリーも年々増え、
日本でも実に多彩な味わいが
楽しめるようになってきた。

〝週末のお楽しみ〟として じっくり味わうファンが増加

日本人が愛してやまないビール。しかし同時に、ビールの味や色、香りなどの多様性についてはあまりよく知らずに飲んでいるという人も多く、飲み会でも「とりあえず生！」がお決まりの風景だった。

だが、そんな日本のビール文化も変わりつつある。

近年では家飲み需要の高まりや、多彩なビールを扱う専門店の増加などによって、クラフトビールを楽しむ人たちが増えてきた。

クラフトビールは国内外の実に多くの醸造所（ブルワリー）でつくられており、それぞれに個性の異なる多様性が大きな魅力。〝週末のお楽しみ〟として、少しずついろいろなビールを味わいながらお気に入りのものを見つける、といった楽しみ方をする愛好家も増えているという。

「CMなどで有名な大手ビールメーカーのものしか飲んだことがない」という人にも、ぜひ一度クラフトビールの魅力に触れてみてほしい。

色とりどりのビールは〝映《ば》える〟？ 女性にも人気のクラフトビール

クラフトビールの魅力は、そのおいしさもさることながら、色の美しさにもある。ホワイトエール（→P15）に代表されるような淡い麦色からポーターやスタウト（→P15）などのような漆黒のものまであり、なかには赤や、飲んでいるうちに色が青く変化する個性派も。

こうした〝映える〟ビジュアルの美しさもあって、クラフトビールは女性にも大人気だ。

食中酒として幅広い料理と相性がよく、見た目にも美しいクラフトビール。女性人気はさらに高まりそうだ。

日本全国で増加中！ 進化する日本のブルワリー

日本各地で独自のビールが数多くつくられ始めたのは90年代の地ビールブームのころ。当時はご当地ビールが珍しいこともあり、土産物としてのニーズが高かったが、そのクオリティはまだ玉石混交といえる時代でもあった。

そこから時代の流れとともに全国に醸造所が増え、つくり手たちの技術が向上。「クラフトビール」という名称も浸透してきた。小さな醸造所を併設したレストランやバーも増え、そこでしか飲めないビールを提供するなど、クラフトビールはますます身近になってきている。

クラフトビールがこれだけの広がりを見せている背景にはいくつかの理由が考えられる。

ひとつは、日本酒やワインに比べて小規模でも設備が整えやすく、比較的低予算でも参入しやすいこと。加えて「地元の人による地元の人のためのビール」といった、地産地消の機運が全国で高まり続けていることも大きい。

そして何より大きな魅力は、「つくり手と飲み手の距離の近さ」だ。

つくり手の顔や商品の物語が見えると、それはビールをおいしくする重要なエッセンスにもなり得るのだ。

これだけ多種多様なクラフトビールが楽しめるのは、飲み手側にとっては大きなメリット。一方で、つくり手側にとっては競合他社との生存競争を戦い抜かなければならない厳しさもあるだろう。

しかしクラフトビールの裾野が広がっていくことは、必ず文化の成熟につながる。自由闊達なクラフトビールのカルチャーが、日本でさらなる進化を遂げていくことを期待したい。

PROFILE

山田司朗（やまだしろう）

1975年生まれ。大学卒業後、サイバーエージェント、オン・ザ・エッヂ（後のライブドア）などでファイナンス・経営企画を担当。
2005年ケンブリッジ大学にてMBAを取得。3年間の欧州生活中に多様なビール文化に触れる。2011年にクラフトビール製造販売のFar Yeast Brewing株式会社を東京都に設立し、代表取締役就任。2017年、山梨県小菅村に自社醸造所を開設。2020年には醸造所のある山梨県小菅村に本社を移転し、地域での取り組みを強化している。現在、国内外に直営飲食店4店舗を運営し、代表銘柄である「馨和 KAGUA」や「Far Yeast」は世界28カ国で販売されている。

Far Yeast Brewing代表・山田司朗さんインタビュー

ローカルとグローバル。山梨から“うまい”を発信したい

「多様で、伝統も文化もある。これはおもしろい、と感じたのがきっかけです」
従業員の誰からも親しみを込めて「司朗さん」と呼ばれる山田社長は、そういって笑顔を見せた。
いまではコンビニでも見かけることのある『Far Yeast Brewing』のビール。
会社のこと、ビールのこと、将来のことなどについて、山梨県小菅村にあるブルワリーで話を聞いた。

取材・文／編集部　写真／内海裕之

醸造所の裏を流れる小菅川。
多摩川の源流としても有名だ

山梨県小菅村のFar Yeast Brewing。
ここから多くの“うまいビール”が生まれる

ビールへの愛が溢れる山田さん

“クラフトビール”という ムーブメントを知る

会社の設立は2011年9月。起業した山田さんは、それまでIT関連の企業に勤めていた。

ビールに興味を持つきっかけとなったのはヨーロッパに渡った2003年頃。そこから2005〜2006年にかけてイギリスにMBA留学もし、足かけ3年、ヨーロッパで暮らした。

「そのときに現地で伝統的な小規模醸造のビールをいろいろと飲む機会がありました。一般の観光客としてビールを楽しんでいたんですが、それが日本で飲んでいた大手企業のビールとはまるで違うと感じたんです」

出会いもあった。留学していたケンブリッジ大学で、「コブラビール」の創業者の講演を何度か聴いた。インド料理に合うビールを作りたくて会社を立ち上げ、成功している卒業生だった。その人もまた、バックグラウンドはビールとは関係のない会計士だったという。

「私もビールとは縁のない仕事をしていましたが、その講演を聴いて自分でもできるのではないかと思えたんです。日本に戻ってきた2006年から、ビールの情報を調べていると“クラフトビール”というムーブメントがあることを知り、準備をしつつ、帰国から5年後に会社を立ち上げました」

設立当初は醸造設備を持たないビール会社だった。当時はいまのように小規模なブルワリーに適した設備というものが出回っておらず、昔ながらの地ビールメーカーでさえも年間60キロリットル程度は製造できるような大きな規模でビールをつくっていた。

大きな規格でやるとなると、それなりの投資が必要になる。いろいろ調べた結果、当面は自社醸造を断念して、契約醸造という形で自分たちのレシピを他社で委託製造するという形をとった。

ベルギーから届いた1本 「これならいけるぞ！」

最初の1本、イメージはできていた。

「商品の第1号は『馨和 KAGUA（かぐあ）』というビール。コンセプトは“和の食卓に映えるビール”と決めていました。和のダイニングで世界中の人にじっくり飲んでもらえるようなビールをつくりたいと考え、ベルギーの会社と契約して2011年11月からつくり始めました。最初の1本は航空便で、当時まだ東京・渋谷にあった小さなオフィスに送ってもらったんです。飲む場所も確保できなかったので、貸し会議室を借りて、創業メンバーで飲みました。自分たちだけで試作したビールとは全然違って、相当な手応えを感じたのを覚えています。これならいけるぞ、と」

2017年、醸造所を多摩川の源流がある山梨県・小菅村につくった。自分たちだけのビールづくりに専念する環境が整い、国内の契約醸造所で生産されていたものは完全自社生産に切り替えた。

まさに“勝負をかけた”当時を山田さんは振り返る。

「ベルギーとはまた違った銘柄をつくったので、単純な比較はできないんですが、手応えというよりは、課題のほうが多かったですね。国内の契約醸造所でつくっていたものも含め、その差をどう埋めるのか。試行錯誤は続きましたが、何度も試作を繰り返し、納得のいくものができたと思います」

Far Yeast Brewing のビールができるまで。

1.
毎朝、ミルで麦芽（モルト）を細かくし、ベルトコンベアーで仕込み釜に移送。種類により粉砕の細かさなどを調整する。

2.
細かくなった麦芽の入った仕込み釜にお湯を投入し、麦芽の糖化をうながす。お湯と麦芽でドロドロのお粥のような状態に。

3.
「2」をろ過槽に移送。ここでビールのもととなる麦汁になる。いわゆる「一番搾り」の状態で、まだアルコール度数も低い。麦芽を取り除き、麦汁のみを煮沸釜へ。

4.
煮沸させた麦汁にホップを投入し、副原料があればこの段階で入れる。タイミングなどを見極め、狙った味にしていく。

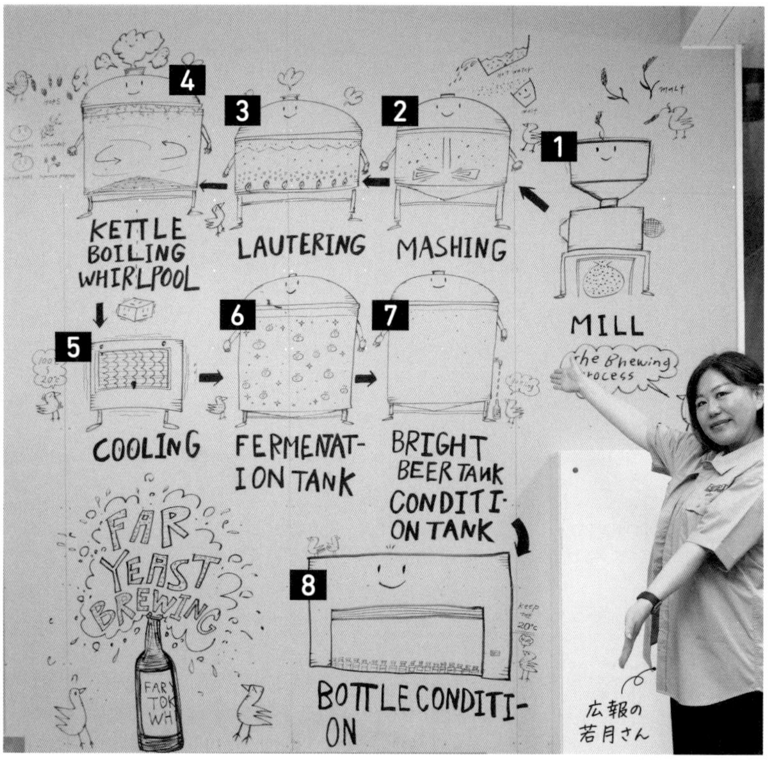

5.
高温になった麦汁を水の入った装置に通し、20度まで冷却。

6.
ファーイーストブルーイングではほとんどの商品を二次発酵させている。まず発酵タンクで約2週間主発酵。

7.
遠心分離で不純物をなくし、二次発酵用の酵母と糖分を投入。その後、ボトリング。

8.
缶・瓶・樽などにボトリングされた状態で、もう一度20〜25度の空間で発酵。この工程を加えることで自然に炭酸が発生し、ビールの大敵である酸素も取り除かれるため品質が安定、まろやかなビールに仕上がる。ファーイーストブルーイングの大きな特徴のひとつだ。

樽発酵が行われることもある

最後に検品して出荷される

挑戦する限定商品と常に進化を続ける定番商品

現在、限定ビールを含めると小菅村の醸造所だけで年間50種類ほどをリリースする。東京の醸造所でも約30種生産するので毎年80種ほどのビールを生み出すことになる。

なかでも人気は、山田さん本人も思い入れが強いという「東京ホワイト」だ。これは醸造所を立ち上げたときからの定番商品で、「馨和KAGUA」と違い、〝もう少しビールらしい、グビグビ飲めるものを〟ということで「東京ブロンド」とともにつくられた。

「ベルギーやフランスでは伝統的に〝セゾン〟というスタイルのビールがあります。これは地元の農家が自分たちで農閑期に仕込んだビールが夏にできるため、農作業の合間に水分補給として飲んでいたものなんです。別名〝ファームハウスエール〟ともいいます。それをベースにして、小麦麦芽とフルーティーな柑橘系メインのアロマホップで香り付けをしている。『東京ホワイト』はそういう商品です」

定番商品は小さな改善を続け、常に最高の一杯をつくり続けているのだ。

地域との結びつきを強めストーリーを紡いでいく

2020年からは醸造所のある山梨県を盛り上げるべく、「山梨応援プロジェクト」を立ち上げた。地元の生産者と組んで桃やぶどうのビールをつくったり、県産のホップを使いフレッシュホップのビールを生産したりと、活動は多岐にわたる。

「最近では地元の方たちも『Far Yeast Brewing』の商品がいろいろな場所に展開されていることを誇りに思ってくれていると感じています。それにより〝地域の皆さんとストーリーを創っていく〟ということもこの会社の使命なのではないかということに気づきました。山梨県は桃の生産量が日本一ということもあり、桃のビールは仕込み段階にもかかわらず予約で完売しました。注目度も高かったと思います。

お客様も地元の人と組んでつくった点に価値を見出してくれて、そうなると皆さんに喜んでもらえ

毎年多くの商品がラインナップされる。お気に入りを見つけるもよし、飲み比べて違いを感じるのもまた楽しい飲み方だ

東京・五反田には直営店もある

メダルや賞状の多さが受賞歴を物語る

定番商品の「東京ブロンド」

るものをつくっていきたくなるんですね。地元の大切さを改めて思い知らされました。

今後もビールのプロダクトだけではなく、人とのネットワークをより強くしていきたい。地域との結びつきを求めていくところに道があると思っています」

多様性や豊かさを取り戻す いま、本質が問われている

「Far Yeast Brewing」は明確なヴィジョンとミッションを掲げている。ヴィジョンは「日本から生まれたものを世界に発信する」というものだ。

「世界的にみると、日本のビールはあまり存在感がないんです。もともとはヨーロッパで生まれた文化で、それが発展して、いまの中心はアメリカに移っています。そのなかで日本のビールはオリジナリティを出せていないし、日本から発信しているビールというのはまだまだ少ないんです。

世界的にみると辺境の地から、僕らはおもしろいビールをどんどん発信していきたいなと。

ローカルとグローバル。この両方を追い求めていきたいですね」

そして、もう一方のミッションは「デモクラタイジングビア」。ビールの多様性と豊かさをもう一度取り戻す、という意味だ。

何千年というビールの歴史のなかで、大量生産されるようになったのは、この100年ほどのこと。それまでビールは多様なものだったと山田さんは言う。

「多様性や豊かさを取り戻していくことが、クラフトビールのミッションであり、僕らの存在意義かなと思っています。

いま、僕らつくり手にとっては難しい時代だと感じています。ブルワリーの数も、おいしいビールのつくり手も増えています。昔は完成度が高くなくても売れた時代がありました。いまは全体のレベルが上がり、単純に〝ビールがおいしい〟だけでは、価値が見出せなくなってしまいました。つくり手の規模も、消費者にとってはあまり関係のないことです。

つまり、使命や存在意義といった本質的なところを、いまは問われているんだと思います。

逆に飲む人にとって、いまはめちゃ楽しいだろうな、とも思いますけどね(笑)」

 ※ファーイーストブルーイングの銘柄紹介と問い合わせ先は、29ページと55ページをご覧ください。

CONTENTS

※本書に掲載の商品、価格、代理店、メーカーなどの情報は 2023 年 6 ～ 7 月の取材時のものです。
本書発行後にやむを得ない事情により、変更となる場合もございますことをご了承ください。

IPA、ペールエールって？
国ごとの特徴や違いは？
おいしくなる飲み方&
注ぎ方のコツ

知っておきたいキホンの「キ」

クラフトビールQ&A

そもそもクラフトビールとはどんなものだろう。ビールと何が違うの？
ここではクラフトビールにまつわる疑問をわかりやすく解説。
無限に広がるクラフトビールの世界へようこそ！

Q.1 そもそも「ビール」ってどんなお酒？

A 麦芽、水、ホップ、酵母などを用いて発酵させたお酒です

ビールとは、麦芽や水、ホップ、酵母、その他の特定の副原料を用いて発酵させたもの。麦芽は麦を発芽させたもので、糖分の多い麦芽がビールによく用いられる。

しかし、麦芽を使っていればすべてが「ビール」を名乗れるわけではない。

日本の酒税法では、麦芽の使用量が50％以上のものだけを「ビール」と定めている。50％未満のものは「発泡酒」に分類されるのだ。

また、酒税法ではビールに使える副原料も決められている。以前は麦、米、とうもろこしなど7種類に限定されていたが、現在はコリアンダーやシナモンなどの香辛料、果実など多くのものが認められていて、ビールの幅は広がっている。

その副原料も使用比率は麦芽重量の5％を超えないという厳格な決まりがある。

日本の「ビール」の定義

- ☑ 麦芽、ホップ、水、酵母その他副原料を用いて発酵させたもの
  ※使える副原料：果実、コリアンダー、香辛料、ハーブ、野菜、そば、ごま、コーヒー、ココアなど。
- ☑ 水とホップを除いた原料の50％以上を麦芽が占める
- ☑ アルコール度数20％未満のもの
- ☑ 副原料の使用比率は麦芽重量の５％を超えない

麦芽

ホップ

Q.2 クラフトビールってどんなビールのこと？

A おもに小規模醸造所でつくられるこだわりのビールです

大手ビールメーカーが生産するおなじみのビールとは異なり、おもに小規模な醸造所（ブルワリー）で職人たちがつくるビールを指す。

上質な材料を使い、職人の緻密で洗練された技でつくり上げる工芸品（クラフト）に見立てたところから「クラフトビール」の呼称が広まったといわれる。

日本では90年代に地ビールブームが到来、全国各地でご当地ビールがつくられるように。その後、２０００年代半ばごろからはさらに品質を高めたクラフトビールのつくり手が増加した。

原料や醸造法にこだわり、品質も高いクラフトビールは世界中の数多くの町でつくられ、最近では技術の向上にともなって実に多彩な味わいが楽しめるようになった。

クラフトビールなのに“発泡酒”？

「Q.1」の通り、日本の酒税法では「ビール」と表記するには厳密な条件がある。その結果、海外では「ビール」でも日本に持ち込めば「発泡酒」になることもあるのだ。近年では発泡酒に対してネガティブな印象を持つ人も減ってきている。発泡酒は「麦芽または麦を原料とした酒類で発泡性を有するもの（アルコール分が20度未満のものに限る）」。つまり麦芽使用率も副原料の使用量にもほとんど制限がないので、ビールでは表現できない、味や香りをも表現できる。分類は気にせずに楽しもう。

Q.3 ビールの起源はいつごろですか？

A BC3000年ごろにはビールがつくられた記録が残っています

ビールの起源は、いまから５０００年以上さかのぼる。ＢＣ３０００年ごろのメソポタミアのシュメール人は「醸造の記念碑」を残しており、その粘土板に刻まれた楔形《くさびがた》文字を解読すると、パンからビールをつくっていたことがわかるという。

ＢＣ２０００年ごろのエジプトのピラミッド内部の壁画にもまた、パンからつくる古代のビール醸造の様子が描かれている。当時のピラミッドをつくる労働者には、報酬の一部として通貨の代わりにビールが支給された。ビールは疲れを取る栄養ドリンクでもあったのだ。

その後、ＢＣ５００年ごろにはゲルマン人が、現代に通じるパンを材料としないビール醸造を開始。４世紀ごろからのゲルマン民族の大移動により、ビールづくりはヨーロッパ全土へ伝わる。８世紀後半には修道院や荘園で醸造が始まっていく。

現存する世界最古の醸造所

ドイツにあるヴァイエンステファンは、現存する最古の醸造所。1040年にビールを醸造していたという記録が残っている。現在はバイエルン州の公営企業として稼働。高い煙突が象徴的だ。

Q.4 ビールでよく聞く「のどごし」って？

A 飲み物や食べ物がのどを通っていくときの感覚のことです

ビールの魅力のひとつに「のどごしのよさ」を挙げるビール党は多い。ＣＭでも頻繁に登場するワードでもあるこの「のどごし」とは、のどを通っていく感覚のことで、のどごしを楽しめるのは他の飲み物にはあまりなく、ビールならではの醍醐味でもある。

一般的に、ビールの温度が低く、酸味があり、炭酸を含んだもののほうがのどが適度に刺激され、のどごしがよいと感じられる。

のどごしと温度

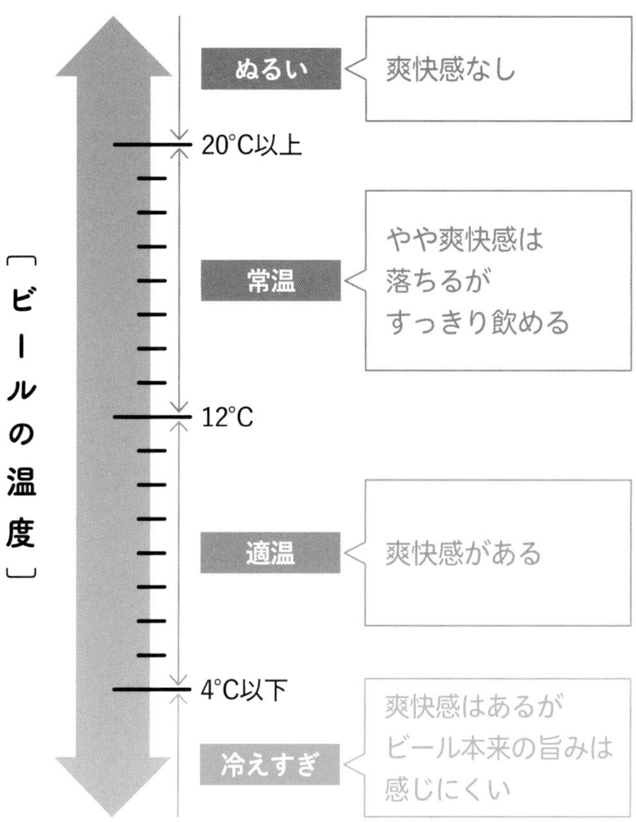

Q.5 ビールの"スタイル"ってなんのこと?

A ビールの種類のことで、世界には100を超えるスタイルがあります

世界中でつくられているさまざまなビールは「スタイル」で分類することができる。スタイルとは、ビールの種類のこと。麦芽やホップの使用量、色、アルコール度数のほか、醸造される地域によっても分けられ、その数は100以上におよぶ。

　スタイルには伝統的なものと、比較的最近誕生した新しいものとがある。

　たとえば、一般的な大麦麦芽に代わって小麦麦芽を使う「ヴァイツェン」などは、昔から伝わる伝統的なスタイル。一方で、イギリス伝統のIPAから派生した、苦みの少ない「ヘイジーIPA」など比較的新しいスタイルも登場し、人気を集めている。

　日本においても、大麦麦芽ではなくさつまいもを用いるなど、新たな味わいへの試みが続々とおこなわれている。

　ここからは、数あるスタイルのなかでも、まずは押さえておきたいおもなものを紹介していこう。

大量のホップで苦みアップ
IPA（India Pale Ale）

かつて、インドで働くイギリス人が母国からの長い船旅に耐えられるよう、防腐効果のあるホップを大量に加えたことが始まり。ホップの強い苦みが特徴的で、すっきりとしたドライな口当たり。

苦みを抑えた濁りの一杯
ヘイジーIPA

IPAから派生したスタイルのひとつ。アメリカのニューイングランド地方で生まれたことから「ニューイングランドIPA」とも呼ばれる。ヘイジー（Hazy）の言葉が示すとおりの濁った液体で、苦みも穏やかかつフルーティーなことから、幅広い層に人気。

穏やかな香ばしさが魅力

ポーター

1722年に生まれたスタイルで、特に荷役運搬人（ポーター）に愛されたことから、この名称に。ローストモルトのフレーバーやブラックモルトの苦みに加え、カラメルのような香ばしさが穏やかに感じられるのも魅力。やや軽めなボディのダークエールだ。

深みを感じさせる
漆黒の一杯

スタウト

イギリスからアイルランドに渡ったポーター（左上）が、ギネス社によって進化を遂げたスタイル。大麦を直接ローストした焦げた苦みが特徴で、クリーミーな泡はもちがよく濃厚な味わいだ。

苦みとフルーティー感が共存

ペールエール

イギリス発祥の伝統的なスタイルのひとつ。当時のビールの液色には濃いものが多かったなかで、ペールエールは比較的淡い色みだったため、「淡い」の意味を指す「ペール（Pale）」の名がついたとされる。イギリス産ホップのアロマと苦みに、フルーティーな香りも。のちにアメリカでもつくられるようになり、そちらを「アメリカン・ペールエール」と呼ぶこともある。

スパイスの香りが心地よい

ホワイトエール

大麦ではなく小麦が使われ、白濁した液色が特徴。また、コリアンダーやオレンジピールで風味づけすることから、スパイシーな香りも楽しむことができる。泡はクリーミーでなめらかな口当たり。

自然の力を生かした
“酸っぱい”ビール

サワーエール／ランビック

野生酵母や乳酸菌を発酵させてつくる酸味のあるビール。フルーツを一緒に発酵させるものなどもあり、酸味の強さもさまざま。なかでも、ベルギー・ブリュッセル近郊のパヨッテンラント地域でつくられたものだけは「ランビック」と名乗ることができる。

ベルギー
発祥

夏だけのさわやかな味わい

セゾン

暑い夏にのどの渇きを潤すべく、農業の閑散期である冬から春先にかけて仕込んだ季節限定のスタイル。ほのかな苦みと青りんごのようなフルーティーな風味が特徴だ。

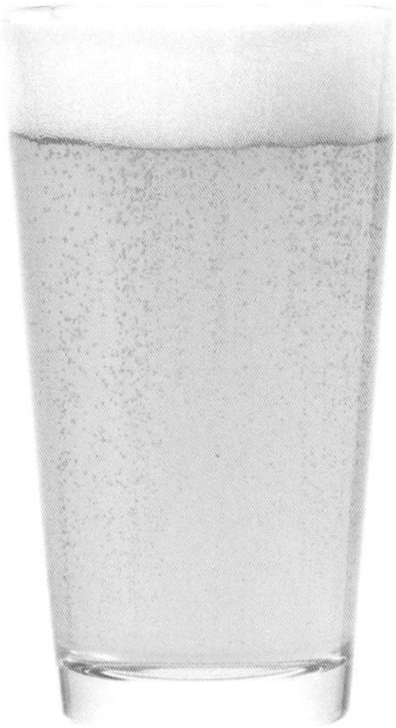

ドイツ
発祥

小麦を使った
フルーティー感が魅力

ヴァイツェン

小麦でつくられる、南ドイツ地方の伝統的な白ビール。泡立ちが豊かで苦みが少なく、フルーティーさを楽しむことができる。オレンジピールなどで風味づけをするベルギーのホワイトエールに対し、こちらは酵母由来のバナナやバニラのような香りが感じられる。

チェコ
発祥

さわやかなのどごしとキレ

ピルスナー

1842 年にチェコのピルゼン地方で生まれた、美しい黄金色のスタイル。ホップのさわやかな苦みとキレのあるのどごしは世界中の人々からいまも愛され、日本の大手ビールメーカーがつくるものも大半がこのピルスナーに当てはまる。

修道院で生まれるビール

アビイ／トラピスト

ベルギー
発祥

修道院のレシピをもとに、外部の醸造所がつくるビールはアビイビール（修道院ビール）と呼ばれ、アルコール度数が高め。そのなかでもトラピスト修道院内でつくられるビールは「トラピスト」といい、伝統的な 7 ヵ所に加え、現在ではオーストリアなどを含めた 10 ヵ所ほどでつくられている。

＼自分の好みを見つけよう／

主なスタイルの味わいチャート

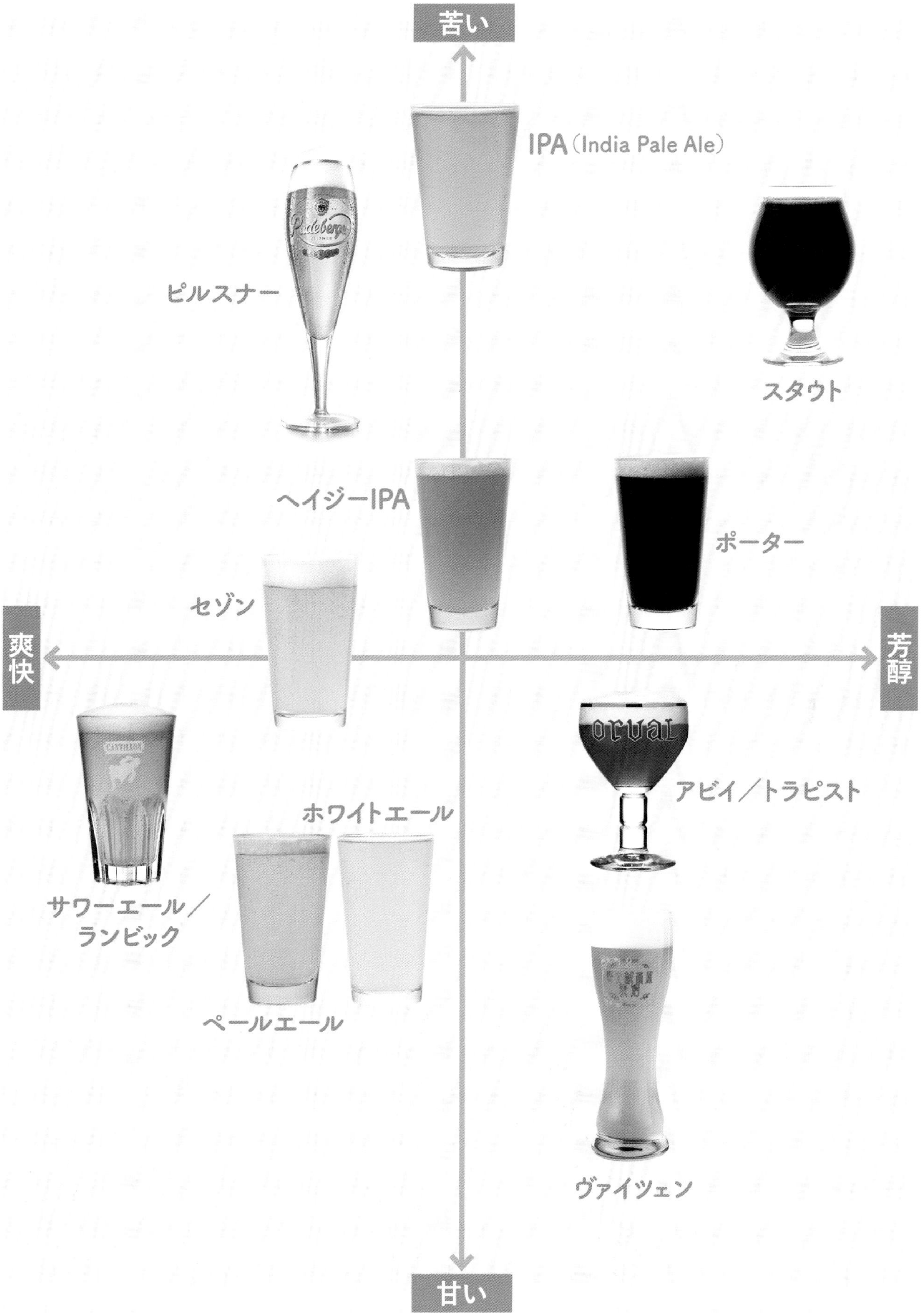

Q.6 国ごとのビールの特徴も知っておきたいのですが？

A それぞれの国にある伝統や自由な発想から生まれる味わいを楽しんでください

ヨーロッパを中心に発展してきたビールだが、なかでもビール大国として知られるベルギーやドイツ、イギリスでは昔からつくられてきた伝統的なビールが現在も飲まれ続けている。

一方で、ヨーロッパよりも遅れてビールづくりが始まったアメリカや日本では、伝統や常識にとらわれない個性的なビールも数多く生まれている。

アメリカでは１９６０年代に、クラフトビールをつくる小さな醸造所（マイクロブルワリー）が誕生。現在では８０００を超えるともいわれるブルワリーがあり、多彩なビールづくりが進んでいる。

アメリカに端を発したクラフトビールブームは世界中に広がり、各国で新たな取り組みが始まっている。

これからはますます多様なビールが楽しめるようになっていくだろう。

ここでは主要な5カ国のビールの大まかな特徴を解説していこう。

ベルギー
二つの民族が生み出した多彩な伝統スタイル

ベルギーは、人口約１１５０万人のヨーロッパの小国でありながら、１０００種類以上もの銘柄を持つビール大国だ。

そんなビール文化をつくってきたのが、ゲルマン系のフラマン人とラテン系のワロン人の二つの民族。彼らの多種多様な文化が、多彩なスタイルを生み出してきた。

フラマン人の住むフランダース地方では「ランビック」（→Ｐ15）など、果物や小麦を使ったフルーティーなスタイルが、ワロン人の住むワロン地方ではハーブやスパイスを使った「セゾン」（→Ｐ16）といったさわやかなスタイルが誕生し、いまなお愛されている。また、修道院でつくられる「トラピスト（アビイ）」（→Ｐ16）発祥の地としても知られる。

市民のビールへのこだわりも並外れており、「銘柄別指定グラス」以外ではビールを飲まない人もいるほどだ

イギリス

フルーティーで香り豊か エールビールを愛する国

イギリスやアイルランドは、古くからビールをパブで飲む習慣が根付いた土地柄。樽内で二次発酵させる「カスクコンディション」のリアルエールは、パブの熟練した管理技術なくしては味わえない。炭酸ガスを加えずに、樽から直接注いだビールを楽しむ文化が、エールビールをこよなく愛する国民性をつくり上げてきた。

　イングランドでは南から北へいくほど甘くフルーティーになるのが特徴。

イギリスといえばパブ。市民の社交場だ

ドイツ

ビール純粋令が生んだ 高品質のエール&ラガー

ドイツは日本人にもなじみの深いラガー発祥の地。町にひとつは必ず地元の醸造所があるという、地ビールが魅力の国だ。

　ドイツでは１５１６年に世界で最も古いとされる食品の品質保証の法律「ビール純粋令」が制定され、「ビールの原料は、麦芽、ホップ、水（のちに酵母を追加）に限定する」と明文化。ドイツ人が誇りにするこの純粋令の精神は現在も守られており、ビールの品質保持に大きな役割を果たしている。

世界一ともいわれるミュンヘンのビール祭り「オクトーバーフェスト」

日本

世界中のビールを 多彩な味わいにジャパンナイズ

日本での最も古いビールの記録は、江戸時代中期の１７２４年。その後の開国を機に本格的に国内でつくられるようになり、続々と醸造会社が設立された。とくにドイツ風ビールは日本人の舌に合い、昭和30年代の高度経済成長を背景に消費は飛躍的に増加。

　現在はキリンやアサヒなど大手５社のビールメーカーに加え、全国に６５０を超えるクラフトビールのブルワリーが存在。特産のさつまいもや、さまざまなフルーツを加えるなど、いままでにない多彩な味わいが続々と生まれている。

日本のクラフトビールは日々進化している

アメリカ

新たな発想で アメリカンスタイルが誕生

アメリカでは、イギリス発祥のスタイルをもとに、苦みが好まれる傾向を取り入れた新スタイルが生み出されている。基本的にはベースにしたスタイルよりも濃い風味になることが多い。

　なかでも、イギリス発祥のＩＰＡをもとに、ホップを大量に使った「インペリアルＩＰＡ」が代表的。インペリアルには「強い」「濃い」という意味があり、アメリカで生まれたスタイルにつけられることが多い。

アメリカは近年のクラフトビールブームの中心といえる

Q.7 どんなグラスで飲めばいいの？

A まずはタンブラーとチューリップ型の2種類から揃えましょう

まずお伝えしておきたいことは、ビールは缶や瓶から直接飲むのではなく、グラスに注いで飲むほうが格段においしいということ。注ぐときの衝撃で炭酸ガスが適度に抜け、やわらかな口当たりになるためだ。

ビールには、スタイル（→P14）ごとに最適なグラスがあり、その形には合理的な理由がある。

直線的なグラスは泡が消えやすいため、早く飲んだほうがおいしいビール向き。一方で、口がすぼまっているグラスは泡がこんもりと盛り上がって長持ちするため、香りをじっくりと楽しみながら飲むビールに適している。

また、飲み口が広いグラスは甘みを感じる舌先に、すぼまったグラスは酸味を感じる舌の中央にビールが当たりやすい、という特徴もある。

ビールのおいしさを最大限に味わうなら、グラスはスタイルごとに使い分けるのがベスト。ゼロから揃えるのであれば、まずは汎用性の高いタンブラーとチューリップ型から購入することをおすすめしたい。

清潔なグラスは泡が長持ち

美しい泡を長持ちさせたいのなら、グラスを清潔にしておくことが大切なポイント。きれいなグラスと、洗わずにビールを継ぎ足したグラスでは、泡のもちに大きな差が出るのだ。

チューリップ型

泡が長持ちし、香りが持続する。スタウトのようにじっくり味わいたいものに適している

おすすめのスタイル

スタウト	サワーエール	アビイ
トラピスト	ベルギービール	

タンブラー

泡が消えやすいため、ホワイトエールなどのように軽やかに飲み干すようなスタイルのビールに向く

おすすめのスタイル

IPA	ヘイジーIPA	ポーター
ペールエール	ホワイトエール	ヴァイツェン
セゾン	ラガー	ピルスナー

Q.8 クラフトビールもキンキンに冷やしたほうがいいの？

A ビールの適温はスタイルごとに異なります

冷えたビールはのどごしもよく、幸せな爽快感を味わえるもの。ただ、どんなビールもしっかり冷やしたほうがよいわけではない。冷やしすぎると人間は味覚が鈍くなり、ビール本来のおいしさを味わえなくなることもあるのだ。

ビールの適温はスタイルごとに異なるが、だいたい6～16度ぐらい。その温度帯の中で、ライトボディのものはより低め、フルボディのものは高めを目安にするといい。

たとえばスタウトのようなしっかりとしたボディのビールは、グラスを持つ手の温度が徐々に伝わってビール自体の温度が高くなっていくなかで、香りや味わいの変化を楽しむ飲み方もおすすめだ。

ビールのタイプと温度の目安

高 ←→ 低

フルボディ　ミディアムボディ　ライトボディ

グラスも冷やしたほうがいい？

グラスを冷蔵庫や冷凍庫に入れてしっかり冷やしているビールファンも多いかもしれない。しかし、必ずしもグラスも冷やす必要はない。ポイントは「飲むビールとグラスを同じ温度にしておく」ことだ。常温に近い温度で飲むものであれば、グラスも常温に置いておけばOK。冷やす場合も、冷凍庫に入れるのは冷やしすぎやグラスが割れる可能性もあるのでNG。冷蔵庫に入れておくようにしよう。

Q.9 自分でグラスに注ぐと泡だらけになってしまうのはなぜですか？

A まず「三度注ぎ」を試してみよう

ビールの理想的な泡の比率は、スタイルによって異なる。アメリカでつくられるIPAのように、泡はほぼ取り去ってしまうタイプのものもあれば、ベルギーの「デュベル」のように、ほんのり甘い泡まで味わいたいものもある。

ここではまずは、「ビール7：泡3」の比率できれいに注げる「三度注ぎ」を伝授。プロのバーテンダーたちもおこなう方法なので、ぜひ実践してみよう。

ビールの上手な注ぎ方

1.

グラスは斜めにせず、置いたままで、半分ぐらいまでしっかり注ぐ。

2.

泡が落ち着くのを待つ。

3.

今度はゆっくりグラスの9割ぐらいまで注ぐ。泡がすうっと持ち上がる。

4.

再び泡がおさまったら、グラスのフチに沿って泡が盛り上がるように丁寧に注ぐ。

5.

ビールと泡が7：3ぐらいになれば成功。泡が香りと味を最後までキープしてくれる。

缶のまま飲むのはもったいない！

冷蔵庫から出してそのまま飲むと、泡が立たず、炭酸ガスが抜けない。そのため、苦みや刺激が強くなる。

Q.10 クラフトビールと料理の上手な合わせ方は？

A まずは同じ産地や色同士を組み合わせてみよう

ビールはワインや日本酒のように、ペアリング（酒と料理を組み合わせること）次第で、さらにおいしさを引き出すことができるお酒。前菜からデザートまで、それぞれに合うビールをワインのように選び、フルコースを楽しむことだってできるのだ。

ただ、自分の舌だけを頼りにセンスよくペアリングを決めるのは意外と難しいもの。最初のうちは、ビールと料理の産地を合わせるとわかりやすく、失敗も少ない。同じ土地の水を使ってつくられているため、味がなじみやすいという利点があるからだ。日本のビールであれば、そのビールがつくられた地域の料理と合わせてみよう。

慣れてきたら次は、ビールと料理の「色」や自分の好みから合わせてみると、ペアリングの幅がぐっと広がる。

もちろん、ペアリングに絶対的なルールはない。先にお話ししたようなポイントを頭に入れたら、肩の力を抜いて好きなものを自由に組み合わせてみてほしい。

ペアリングのコツ 1

ビールの「産地」と料理を合わせる

ビールのスタイルはそれぞれ、その土地の気候風土や食習慣の中で完成したもの。
郷土料理も、その土地に適した作物やスパイスを使って生まれる。
産地が同じビールと料理は、同じ食文化の中で、
長い時間をかけて育まれてきたため、ペアリングの相性もいいのだ。

たとえば…

ベルギーのビール
＋
ベルギーの料理
＊フリテン（フレンチフライ）
＊ムール貝の酒蒸し
＊チョコレート　など

ドイツのビール
＋
ドイツの料理
＊ジャーマンポテト
＊ソーセージ
＊ザワークラウト　など

イギリスのビール
＋
イギリスの料理
＊フィッシュアンドチップス
＊ローストビーフ
＊ミートパイ　など

アメリカのビール
＋
アメリカの料理
＊ハンバーガー
＊ステーキ
＊フライドチキン　など

ペアリングのコツ 2

ビールと料理の「色」を合わせる

白っぽい色から漆黒まで、ビールの色はバリエーションが豊富なので、色の違いを利用したペアリングも有効だ。ここではビールの色を5つに分けた。色の違いは麦芽の色の違いで、濃いほどロースト香が強くなる。香りと味は影響しあうので、色を合わせると味も自然に合ってくるのだ。

淡 → 濃

ビールの色	おもなビールのスタイル	合わせる料理の例
白色（麦色）	ホワイトエール 	ビネガードレッシングのサラダ 魚介類のフライ ホワイトシチュー
黄金色	ピルスナー	オムレツ ピザ じゃがいも料理 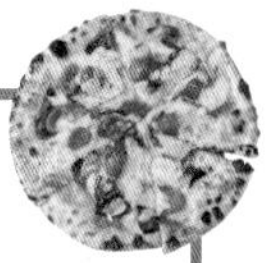
琥珀色（赤）	ペールエール 	甘エビ トマトサラダ とんかつ
茶色	ブラウンエール	和風ハンバーグ 鶏の立田揚げ テリヤキソースの肉団子
黒色	ポーター／スタウト 	イカスミパスタ もつ煮込み チョコレート

監修者「BEER-MA（びあマ）」おすすめのペアリング

チョコレートやコーヒーを感じさせるスタウトにはバニラアイスも好相性

ヴァイツェンやホワイトエールにはフィッシュアンドチップスを。ビールのさわやかさが油っぽさを洗い流す

IPAにはソーセージなどの肉料理を。IPAの心地よい苦みが肉の旨みとピッタリだ

Q.11 クラフトビールをお店でも飲んでみたいのですが？

A 専門のビアバーならいろいろなスタイルを楽しめます

好みのものを買って家飲みを楽しむのもいいが、ときにはビールのプロがいるお店でクラフトビールを味わうのもまた格別だ。

ビールを提供する店には、料理がメインのビアレストラン、屋外で飲めるビアガーデンなどさまざまな業態があるが、なかでもおすすめはビアバー。ちなみにビアバーはアメリカ式で、イギリス式の呼称はビアパブという。

せっかく行くのなら、ビールを愛する、気配りの行き届いたお店を選びたい。直射日光の当たる場所にビールを置くのはもちろんNGだが、グラスを凍らせたり、サーバーの洗浄がおろそかだったりするお店も避けたい。

お客として行く際の堅苦しいマナーなどはないが、右下のポイントを読んで、最低限のマナーは身につけておこう。

種類が多すぎてビール選びに迷ったら、ぜひ専門のスタッフに相談を。普段飲んでいるビールや好みの味を伝えると、最適な1杯をアドバイスしてくれるはずだ。また、複数杯飲むときには、左下のようにワインをオーダーするときの組み立て方をイメージするといい。

複数杯飲みたいときの基本の組み立て方

ワインの順番を組み立てるようなイメージで、
以下のポイントをおさえながらビールを選んでみよう

	色	アルコール度数	ボディ感
1杯目	淡い	低い	弱い
2杯目以降	濃い	高い	強い

お店で飲む際に心がけたいポイント

☑ 色や香りも楽しもう

運ばれてきたら、すぐに飲まずに色の美しさや香りも楽しんで。クラフトビールは五感で堪能できる飲み物なのだ。

☑ 会話はスマートに

ほかのお客さんもいる店内。ひとりよがりなビールのうんちくを延々と語ったり、ビールについての批評ばかりを繰り返したりせず、仲間やスタッフとの会話をスマートに楽しもう。

☑ 泥酔しない

いきなりアルコール度数の高いものから飲まないことがコツ。せっかくのクラフトビールの味わいがわからなくなるほど泥酔してしまっては台無しだ。

これだけは
知っておきたい

ビール用語集

■ＩＰＡ（India Pale Ale）

ビールのスタイルのひとつ。インドで働くイギリス人が母国からの長い船旅に耐えられるよう、防腐効果のあるホップを大量に加えたことが始まり。ホップの強い苦みが特徴的で、すっきりとしたドライな口当たり。

■アビイビール（修道院ビール）

修道院のレシピをもとに、外部の醸造所がつくるビールをアビイビール（修道院ビール）と呼ぶ。アルコール度数が高め。

■ヴァイツェン

小麦でつくられる、南ドイツ地方の伝統的な白ビール。泡立ちが豊かで苦みが少なく、フルーティーさを楽しむことができる。酵母由来のバナナやバニラのような香りが特徴だ。

■エール

タンクの上面で酵母の発酵が進む、上面発酵でつくられるビール。高めの温度で、比較的短時間で発酵が進むため、副産物が多くなり、そのため複雑な味わいがつくり出される。フルーティーな香り、コクや深みのある味わいなどが特徴。イギリスが本場だ。

■酵母

麦芽やホップを発酵させるために必要な菌類の一種。ビールに使われるのはおもにエール酵母とラガー酵母。そのほか、自然酵母を使うこともある。

■サワーエール

野生酵母や乳酸菌を発酵させてつくる酸味のあるビール。フルーツを一緒に発酵させるものなどもあり、酸味の強さもさまざま。なかでも、ベルギー・ブリュッセル近郊のパヨッテンラント地域でつくられたものは「ランビック」と名乗ることができる。

■スタイル（＝ビールスタイル）

ビールの種類のこと。ＩＰＡやホワイトエール、ヴァイツェンといった代表的なものから希少なものまで、世界には１００種類を超えるスタイルがある。

■スタウト

イギリスからアイルランドに渡ったスタイルのポーターが、ギネス社によって進化を遂げたスタイル。大麦を直接ローストした焦げた苦みが特徴で、クリーミーな泡はもちがよく濃厚な味わい。

■セゾン

暑い夏にのどの渇きを潤すべく、農業の閑散期である冬から春先にかけて仕込んだ季節限定のスタイル。ほのかな苦みと青りんごのようなフルーティーな風味が特徴。

■トラピスト

トラピスト修道院のなかでつくられるビール。伝統的な7ヵ所に加え、現在ではオーストリアなどを含めた10ヵ所ほどでつくられている。

■のどごし

のどを通っていく感覚のこと。のどごしを楽しめるのはビールならではの醍醐味でもある。一般的に、ビールの温度が低く、酸味があり、炭酸を含んだものほどのどが適度に刺激され、のどごしがよいと感じられる。

■麦芽（モルト）

麦を発芽させたのちに乾燥させたもの。麦芽の性質によって、ビールの味、香り、色などが違ってくる。

■ピルスナー

１８４２年にチェコのピルゼン地方で生まれた、美しい黄金色のスタイル。ホップのさわやかな苦みとキレのあるのどごしは世界中の人々からいまも愛され、日本の大手ビールメーカーがつくるものも大半がこのピルスナーに当てはまる。

■ヘイジーＩＰＡ

ＩＰＡから派生したスタイルのひとつ。アメリカのニューイングランド地方で生まれたことから「ニューイングランドＩＰＡ」とも呼ばれる。ヘイジー（Hazy）の言葉が示すとおりの濁った液体で、苦みも穏やかかつフルーティー。

■ペールエール

イギリス発祥の伝統的なスタイルのひとつ。イギリス産ホップのアロマと苦みに、フルーティーな香りも。のちにアメリカでもつくられるようになり、そちらを「アメリカン・ペールエール」と呼ぶこともある。

■ポーター

１７２２年にイギリスで生まれたスタイル。ローストモルトのフレーバーやブラックモルトの苦みに加え、カラメルのような香ばしさが穏やかに感じられるのも魅力。やや軽めなボディのダークエール。

■ホップ

つる性アサ科の植物で、ビールの苦みや香りのもとになる。品種改良が進み、現在では数多くの品種が目指すビールに合わせて使い分けられている。おもな品種に、ザーツホップ、モザイクホップ、シトラホップなどがある。

■ホワイトエール

小麦が使われ、白濁した液色が特徴。また、コリアンダーやオレンジピールで風味づけすることから、スパイシーな香りも楽しむことができる。泡はクリーミーでなめらかな口当たり。

■ラオホ

ドイツのバンベルクが発祥の、煙（ラオホ）で燻《いぶ》したスモーキーな香りとマイルドな甘みが特徴。

■ラガー

タンクの下面で酵母の発酵が進む、下面発酵でつくられるビール。低めの温度でじっくり発酵させる。香りはさほど強くなく、シャープな飲み口が特徴。ドイツのビールに多い。

BEER DATA の見方

チャート	「ボディ」「苦み」「香り」「甘み」「酸味」を５段階で評価。数字の大きさは質の良しあしを表すものではありません。
ABV	「Alcohol By Volume」の略称。アルコール度数を表します。

CONTENTS

時代はまさにクラフトビール戦国時代。
カラフルで“映える”１本から
週末にじっくりと楽しみたい逸品まで、
「とりあえずビール！」ではない
魅惑のビール、124銘柄を一挙紹介。

124銘柄！

本特集をお楽しみいただくにあたって

○各クラフトビールのテイスティングデータは、本誌監修・BEER-MA のテイスティングによるものです。味や香りの感じ方には個人差があることをふまえたうえでご参照ください。

○掲載価格は2023年7月7日現在での消費税（10%）込みの価格です。今後、さまざまな世界情勢や原材料の高騰等により価格改定される場合があります。

○クラフトビールの在庫数は日々変動します。もともと生産数が限られるものも多いため、時期によっては掲載商品がすでに完売している場合もあります。

いま絶対に飲むべき 国内外の

India Pale Ale

IPA

イギリスが発祥で、今や世界の主流ともいえるビールスタイル。
ホップの強い苦みとすっきりとした口当たりが特徴的。
通常よりホップを大量に使うダブル IPA やトリプル IPA もある。

直売価格／484円(税込)　内容量／330ml

BREWERY 箕面ビール

日本
大阪

おさる IPA

OSARU IPA

アメリカンホップ５種で 香りを最大限に引き出す

当初はイベント限定ビールだったが大好評につき 2020 年より定番商品に。箕面に生息する野生の猿をイメージキャラクターに、ホップの香りを極限まで引き出すために 5 種類のアメリカンホップを使用。オレンジなどのフルーティーさに青い苦みが融合する爽快な味わい。

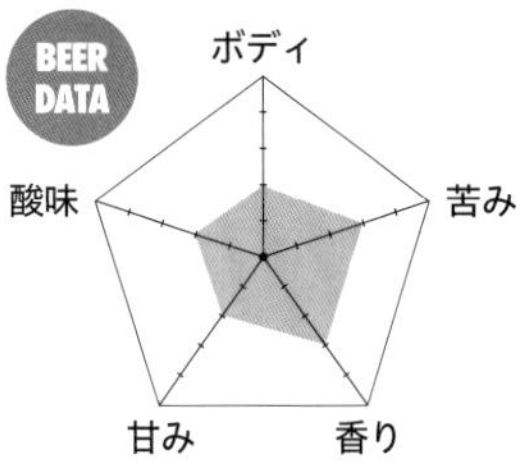

原材料 麦芽、ホップ
ABV 6.0%

問 株式会社箕面ビール　E-mail：info@minoh-beer.jp

参考価格／770円(税込)　内容量／350ml

BREWERY FUKUOKA CRAFT BREWING

日本
福岡

Okagaki IPA

Okagaki IPA

醸造地の豊かな自然を表現 アウトドアに適した IPA

醸造の地・岡垣町は、緑豊かな山々と白い砂浜が広がる海の間にあり、これらの自然と町のシンボルである“渓流の宝石”カワセミをイメージ。シムコーホップだけを使い、グレープフルーツの柑橘系の香りが優しい苦みを創出する。アウトドア用の IPA として人気が高い。

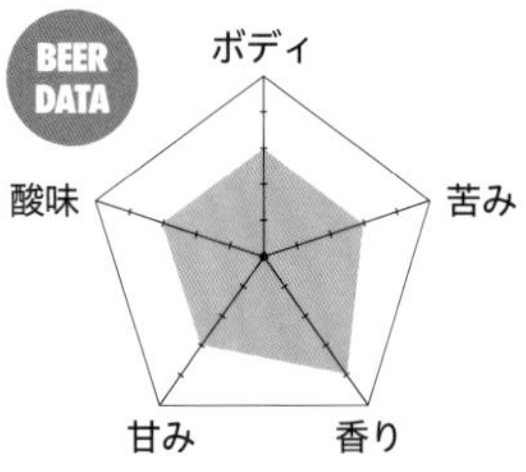

原材料 麦芽、ホップ、オレンジピール
ABV 6.5%

問 FUKUOKA CRAFT BREWING　☎093-482-8282　E-mail：info@fukuokacraft.com

BREWERY 玉村本店

日本
長野

志賀高原IPA

SIGA KOGEN IPA

参考価格／389円（税込）　内容量／330ml

ホップの苦みが個性的
しつこくない飲みやすさ

志賀高原ビールの代名詞ともいうべき看板商品。IPAらしいシトラスの爽快さとローストモルトの甘い香りに加えて、大量のホップを使うことによって生まれる個性的な苦みと旨みを満喫できる。しつこくない飲みやすさも大きな特徴で、IPA初心者の方にも楽しんでほしい1本。

酒蔵として1805年に創業。ビールの醸造は2004年から始めている

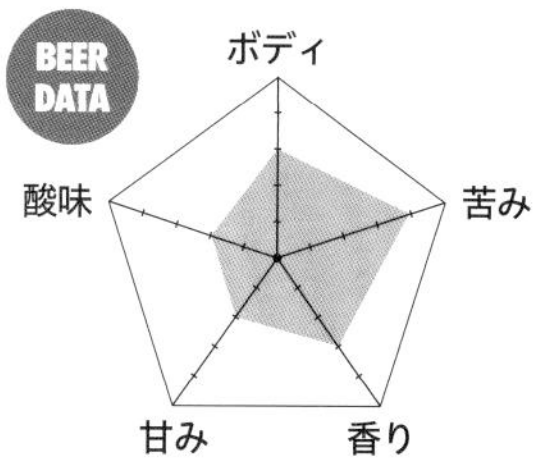

原材料 ＞ 麦芽、ホップ
ABV ＞ 6.0%

問 株式会社玉村本店　☎0269-33-2155

BREWERY Far Yeast Brewing［ファーイーストブルーイング］

日本
山梨

Far Yeast 東京IPA

TOKYO IPA

参考価格／501円（税込）　内容量／350ml

都会的な上質さにこだわる
ビール本来の“ナマ”の魅力

「東京」をテーマに、都会的な上質さにこだわったベルジャンIPA。ベルギー酵母のハーブと青い果実の旨みが印象的。常に変わりゆく街・東京のイメージどおり、醸造ごとにレシピを変貌、進化させることによって、ビール本来の“ナマ”の魅力とライブ感を表現している。

定番商品から限定商品までラインナップは多彩。どれも個性的で魅力いっぱいだ

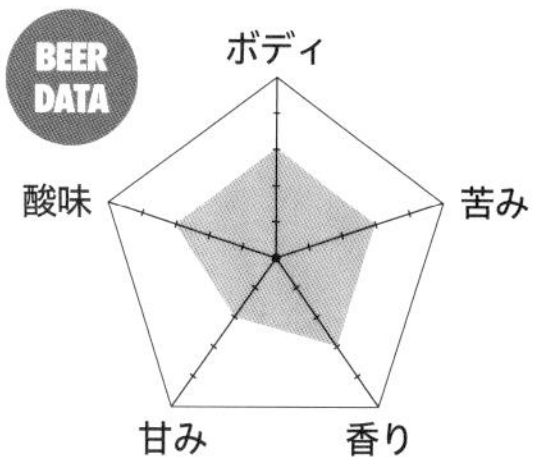

原材料 ＞ 麦芽、ホップ、糖類
ABV ＞ 6.0%

問 Far Yeast Brewing株式会社　E-mail：sales@faryeast.com

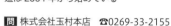

BREWERY コエドブルワリー

日本
埼玉

COEDO 毬花

COEDO Marihana

参考価格／294円（税込）　内容量／333ml
※価格は2023年7月時点でのものです

ホップの風味を最大限に引き出した「ホップの花」

毬花は「ホップの花」の意味。ホップの個性とその風味を最大限に引き出す製法にちなんで命名された。ホップの香りを丁寧に引き出しているのが特徴で、低めのアルコール度数で飲み心地もクリア。ゆずや青い柑橘のさわやかなフルーティーさと洗練された苦みがしみる。

2016年にクラフトビール醸造所を埼玉県東松山市に移転。「COEDO」は美しい建物と豊かな自然の中でつくられている

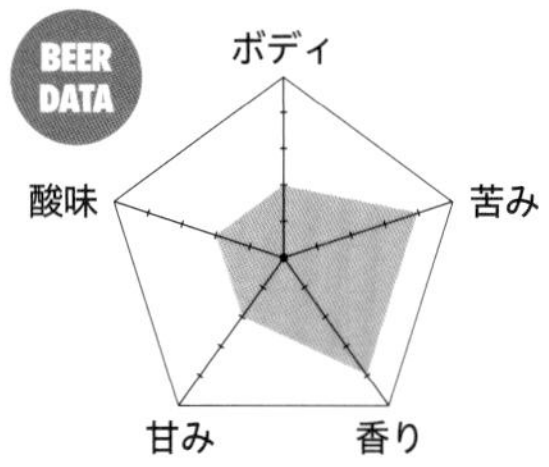

原材料 ＞ 麦芽、ホップ

ABV ＞ 4.5%

問 コエドブルワリー（https://coedobrewery.com/）

BREWERY BREW CLASSIC［ブルークラシック］

日本
石川

ブルクラセッション

BREW CLASSIC Session

参考価格／837円（税込）　内容量／350ml

ソース系屋台フードに最適 苦みも控えめで飲みやすい

お祭りやイベントなどで屋台のたこ焼きや焼きそばを食べ、仲間たちとワイワイいいながら、楽しく飲むのに最適なIPA。ライムやグレープフルーツのようなさわやかな青い苦みが口の中に広がる。苦みは控えめなので、すっとのどに入って、とても飲みやすい。

左からトニカクシムコダイス、ドリスノジャガーヲ、ハリコマチフリーダム

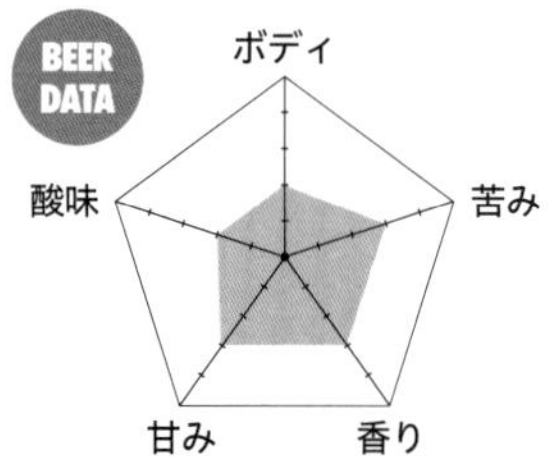

原材料 ＞ 麦芽、ホップ、烏龍茶

ABV ＞ 5.0%

問 合同会社ブルークラシック　E-mail：brewclassicbeer@gmail.com

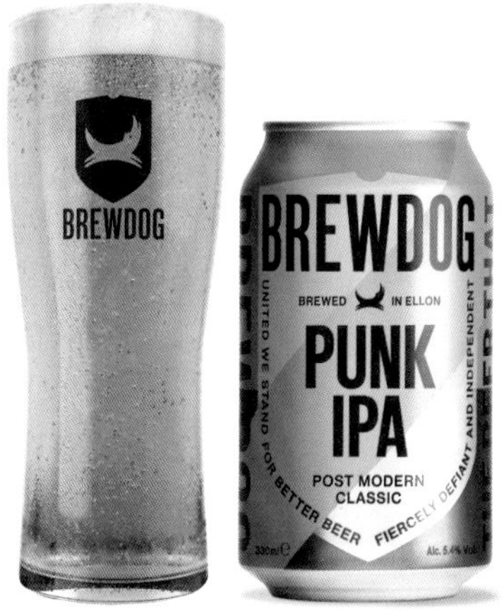

参考小売価格／418円(税込)　内容量／330ml

BREWERY BREWDOG［ブリュードッグ］

スコットランド

パンクIPA

PUNK IPA

IPAの名を高めた逸品 フルーティーでドライな余韻

日本で一番人気の海外のIPA。ブリュードッグの創業者・ジェームズ・ワット氏が世界一のIPAを目指して生み出し、同社を躍進させたことで知られる。トロピカルフルーツとキャラメルの香りとスパイシーな苦みが心地よく、これを飲んでIPAの世界にハマる人も多い。

BEER DATA

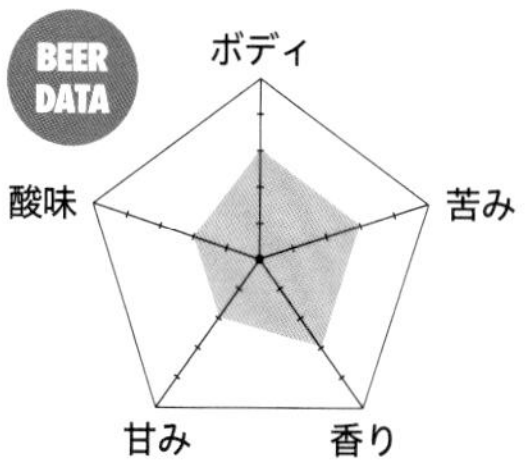

原材料　麦芽、ホップ

ABV　5.4%

問 ブリュードッグ・カンパニー・ジャパン　E-mail：hello@brewdog.jp

参考価格／753円(税込)　内容量／355ml

BREWERY Lagunitas［ラグニタス］

アメリカ

ラグニタスIPA

Lagunitas IPA

アメリカで大人気のIPA 苦みと甘みが見事に調和

1994年にラグニタスの醸造100回にちなんでつくられ、アメリカでもトップクラスの売り上げを誇る看板IPA。大量のホップを投入し、インパクトのある苦みを創出。ホップの苦みとモルトの甘みがぐいぐい押し寄せるクリアな飲み口は、ついつい次の杯へと進んでしまう。

BEER DATA

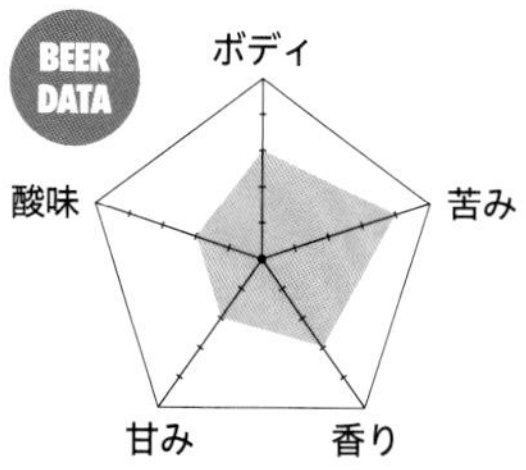

原材料　麦芽、ホップ

ABV　6.2%

問 株式会社ナガノトレーディング　http://www.naganotrading.com/

参考価格／738円(税込)　内容量／355ml

BREWERY Stone［ストーン］

アメリカ

ストーンIPA

Stone IPA

ウエストコーストIPAを象徴するような豊かな香り

1997年にストーンの1周年を祝ってつくられたIPA。3種類のホップを投入し、2週間のドライホッピングで階層的に香味を引き出している。ホップの青い苦みとピンクグレープフルーツのような柑橘系の香りが絶妙のバランスを形成。ドライな後味もたまらない。

BEER DATA

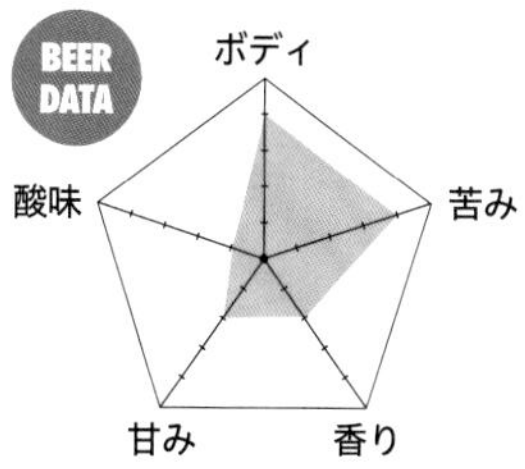

原材料　麦芽、ホップ

ABV　6.9%

問 株式会社ナガノトレーディング　http://www.naganotrading.com/

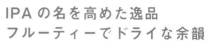

BREWERY Pizza Port［ピッツァポート］

アメリカ

スワミズIPA

Swami's IPA

参考価格／942円(税込)　内容量／473ml

ピザ店をルーツとするIPA
コクのあるアメリカ的味わい

経営難のピザ店を買い取り、レストラン経営を始めた創業者姉弟が最初に醸造したIPA。数々の品評会でメダルを獲得するなど一躍人気商品に。しっかりとしたコクがあり、グレープフルーツとパインのフルーティーさの直後にキレのある青い苦みが追いかけてくる。

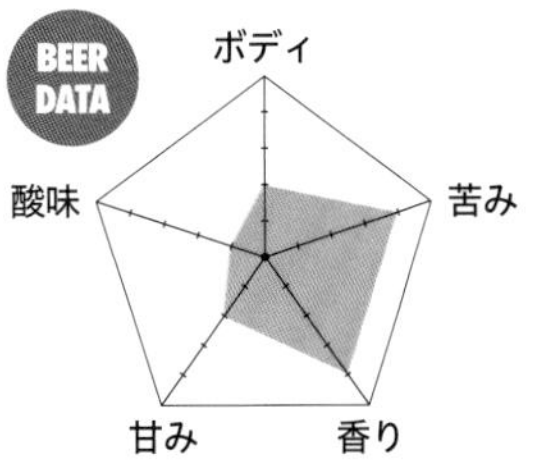

原材料　麦芽、ホップ
ABV　6.8%

問 株式会社ナガノトレーディング　http://www.naganotrading.com/

BREWERY Green Flash［グリーンフラッシュ］

アメリカ

インペリアルウェストコーストIPA

Imperial West Coast IPA

参考価格／910円(税込)　内容量／355ml

度数が高いのに飲みやすい
トロピカルと柑橘系の旨み

人気のウエストコーストIPAをパワーアップ。5種類のホップを贅沢に使い、トロピカルなフルーティーさ全開の中にグレープフルーツの皮のような苦みも漂う。8.9%と高めの度数ながら飲みやすく、飲んだあとにまるで森林浴をしているような香りも鼻をくすぐる。

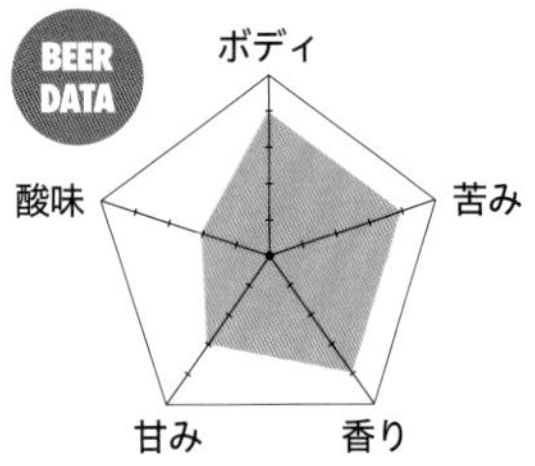

原材料　麦芽、ホップ
ABV　8.9%

問 株式会社ナガノトレーディング　http://www.naganotrading.com/

BREWERY Revision［リヴィジョン］

アメリカ

ドクタールプリントリプルIPA

Dr. Lupulin 3x IPA

参考価格／1523円(税込)　内容量／568ml

飲みやすいハイアルコール
苦みと香りもバランス絶妙

ホップのフレーバーと苦みを追求したトリプルIPA。大量のホップを投入している割に、苦すぎることはなく、11.3%の度数を感じさせない飲みやすさが特徴。マンゴーや松脂を思わせる香りとのバランスも絶妙で、ウエストコーストIPAファンならぜひ飲みたい一杯だ。

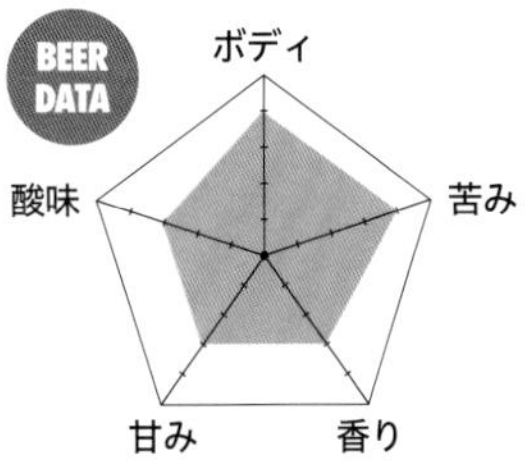

原材料　麦芽、ホップ
ABV　11.3%

問 株式会社ナガノトレーディング　http://www.naganotrading.com/

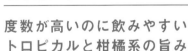

参考価格／660円（税込）　内容量／355ml

BREWERY ROGUE［ローグ］

アメリカ

デッドガイIPA

DEAD GUY IPA

圧倒的な個性が際立つ オレゴン州のパイオニア的存在

このIPAはデッドガイエールの30年の歴史を基に、まったく新しい試みとして誕生した1本。柑橘系のホップを使用することで生まれるトロピカルなアロマが、しっかりとした苦みに絶妙にマッチ。デッドガイの名に恥じない「死ぬほどうまいIPA」に仕上がった。

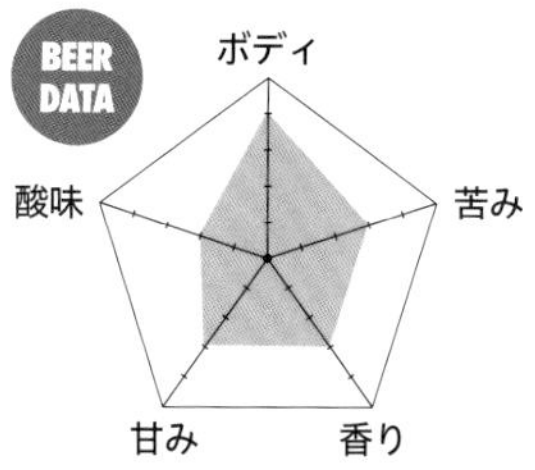

原材料 麦芽、ホップ

ABV 7.0%

問 えぞ麦酒株式会社　☎011-614-0191

参考価格／825円（税込）　内容量／473ml

BREWERY BREAKSIDE BREWERY［ブレークサイドブルワリー］

アメリカ

ブレークサイドIPA

BREAKSIDE IPA

ノースウエスト産ホップの 柑橘感と植物感が印象的

数多くのアワードを受賞した革新的なビールの製造で知られるブレークサイドのフラッグシップIPA。アプリコットのようなフルーティーさと香ばしさのある苦みが素晴らしい。カラメルの甘みとホップのフレーバーがバランスよくアメリカの王道的味わいを表現している。

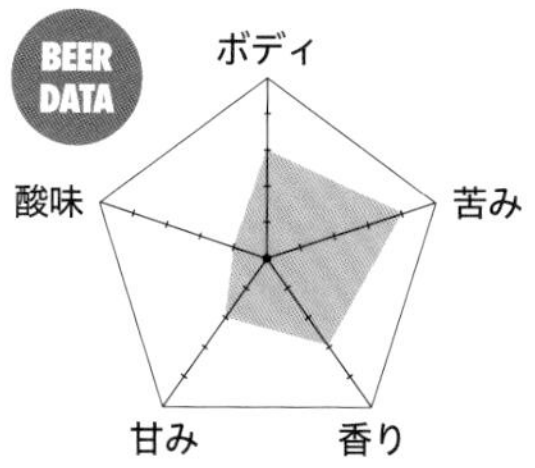

原材料 麦芽、ホップ

ABV 6.7%

問 えぞ麦酒株式会社　☎011-614-0191

参考価格／1270円（税込）　内容量／473ml

BREWERY ECHOES［エコーズ］

アメリカ

ザウェーブ ダブルIPA

The Wave DIPA

音楽を聴きながら、 ホップの旨味を感じたい

2019年に閉鎖された「サウンドブリュワリー」を買い取った兄弟が「エコーズ ブリューイング」として新たな命を吹き込んだ。ギャラクシーとシトラのホップを使用することにより生まれるフレーバーが心地よい。日本画のようなパッケージデザインも印象的だ。

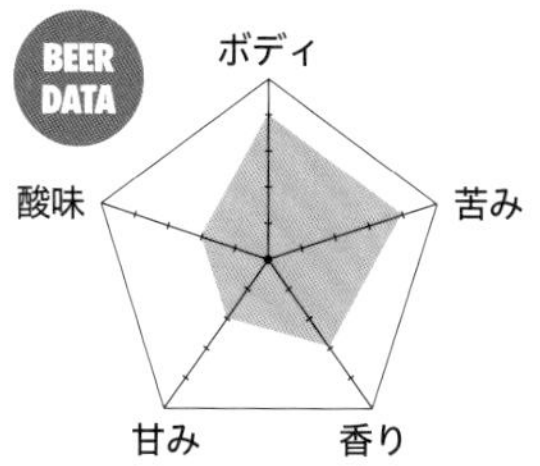

原材料 麦芽、ホップ

ABV 8.5%

問 輸入元：エバーグリーンインポーツは問い合わせに対応しておりません。

BREWERY Georgetown［ジョージタウン］

アメリカ

ルシールIPA

Lucille IPA

参考価格／883円(税込)　内容量／355ml

度数の高さを感じさせない バランス抜群のクリアさ

アメリカのシンガーソングライター、B.B. キング愛用のギターにちなんで命名。ギターの愛称になったルシールという女性は、皆が取り合いになるほど魅力的だったという。さわやかさと苦みがしっかり調和したこの IPA もおいしさのあまり、取り合いになるほどの人気に。

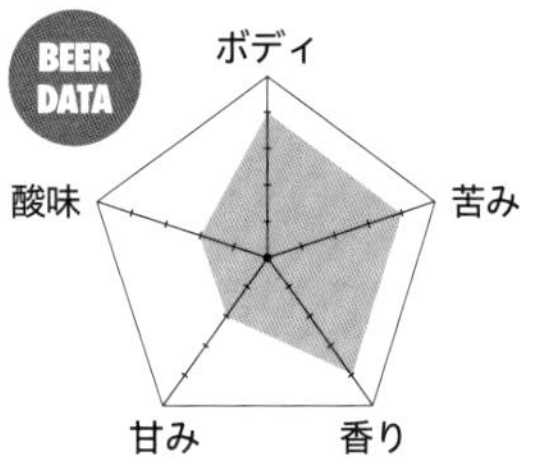

原材料	麦芽、ホップ
ABV	6.9%

問 輸入元：エバーグリーンインポーツは問い合わせに対応しておりません。

BREWERY Captain Lawrence［キャプテンローレンス］

アメリカ

キャプテンローレンス エフォートレスGFIPA

Effortless Grapefruit IPA

参考価格／881円(税込)　内容量／355ml

夏向きのフルーツ IPA ヨーロッパでも人気上昇

ピンクグレープフルーツの瑞々しさにカラメル系のコクのあるホップの苦みがよくなじんだフルーツ IPA。アルコール度数は高くないので、ガッツリ系 IPA ファンには物足りないかもしれないが、「エフォートレス（楽に）」の名前どおり、気軽にガンガン飲めてしまう。

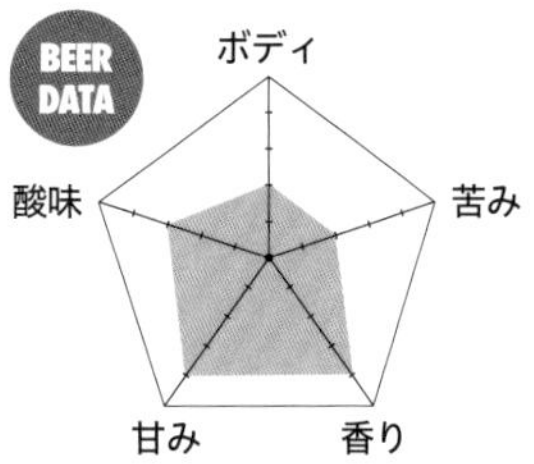

原材料	麦芽、ホップ、グレープフルーツ
ABV	4.5%

問 ファイブ・グッド株式会社　E-mail：contact@fivegood.jp

BREWERY KONA BREWING Co.［コナ ブルーイング］

アメリカ

コナ ハナレイ アイランドIPA

KONA HANALEI Island IPA

参考価格／498円(税込)　内容量／355ml

南国フルーツならではの トロピカル感溢れる IPA

パッションフルーツ、オレンジ、グアバの南国フルーツ 3 種を使った“ハワイ感”溢れる IPA。頭文字を取って POG と呼ばれるこれらのフルーツは、ハワイのミックスジュースの定番でもあり、フルーツ由来の甘みと酸味がバランスよくビールに新たな躍動感を与えている。

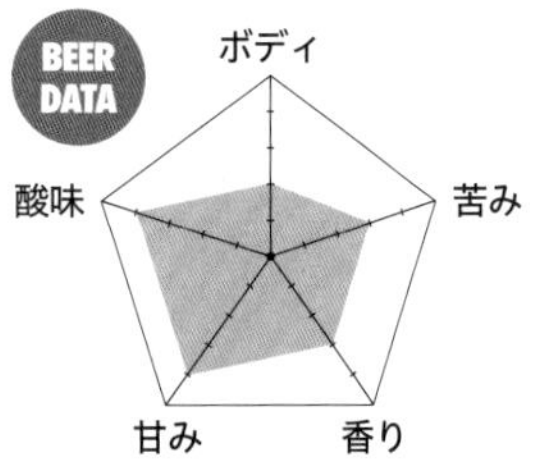

原材料	麦芽、ホップ、果汁(パッションフルーツ、オレンジ、グアバ)、香料
ABV	4.5%

問 KONA BEER JAPAN（運営／株式会社友和貿易）　E-mail：info@konabeer.jp

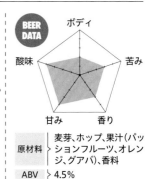

参考価格／1335円（税込）　内容量／473ml

BREWERY Common Space［コモンスペース］

アメリカ

フォゲット ミー ノット ブラックIPA

FORGET ME NOT BLACK IPA

コーヒーのロースト感とホップの香りがよくマッチ

近年ヘイジーIPAに押され気味のブラックIPAにあって、「僕を忘れないで」（フォゲットミーノット）のネーミングで人気復活にひと役買っている。ブラックビールを思わせるロースト感とシトラスのフルーティーさのバランスもよく、IPAならではのホップの香りを楽しめる。

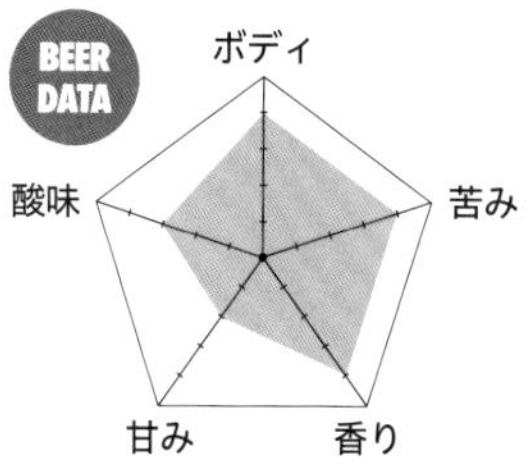

原材料　麦芽、ホップ
ABV　6.6%

問 株式会社ナガノトレーディング　http://www.naganotrading.com/

参考価格／1094円（税込）　内容量／473ml

BREWERY STOUP［ストゥープ］

アメリカ

シトラIPA

citra IPA

シトラホップの個性が光るノースウエストIPA

シトラホップをたっぷり投入して醸造することによって、トロピカルフルーツと柑橘類の香りを引き出したノースウエストスタイルのIPA。ミディアムボディで、最初から最後まで柑橘系のさわやかさとシトラスの青いほどよい苦みのハーモニーを心地よく満喫できる。

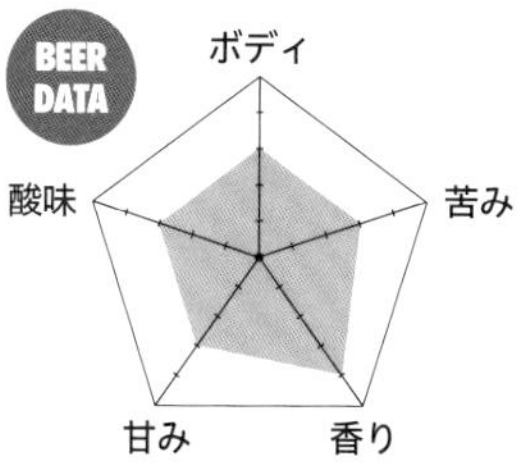

原材料　麦芽、ホップ
ABV　5.9%

問 輸入元：エバーグリーンインポーツは問い合わせに対応しておりません。

参考価格／389円（税込）　内容量／330ml

BREWERY 玉村本店

日本 長野

インディアンサマーセゾン

INDIAN SUMMER SAISON

セゾン酵母によるドライ感とフルーティーさを堪能する

ホップを大量に使用したベルジャンIPAスタイルのビール。ホップの香りと苦みにセゾン酵母特有のフルーティーな風味を掛け合わせた個性的な一杯。口に含むと、すっきりとした香ばしさにハーブや青い草のさわやかさも広がり、ハイアルコールを感じさせない。

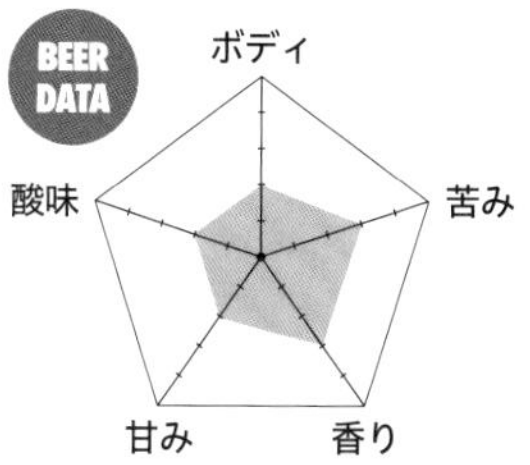

原材料　麦芽、ホップ
ABV　7.0%

問 株式会社玉村本店　☎0269-33-2155

参考価格／429円(税込)　内容量／330ml

BREWERY　BREWDOG［ブリュードッグ］

スコットランド

クロックワーク タンジェリン

CLOCKWORK TANGERINE

波のように押し寄せてくる 柑橘フレーバーが魅惑的

品質重視のブリュードッグが 2018 年に販売開始。6 種類のホップとタンジェリン果汁を使用したフルーティーで飲みやすいシトラスセッション IPA。柑橘系のジューシーな味わいが口の中で鮮やかに広がり、あと口も切れのあるドライ感が漂う。1 杯だけでは物足りない。

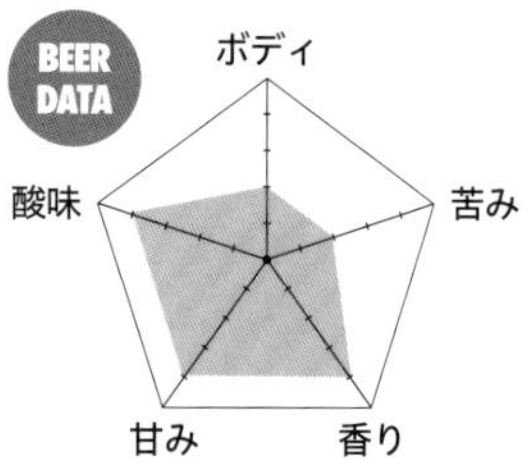

原材料 麦芽、ホップ、タンジェリン
ABV 4.5%

問 株式会社ウィスク・イー　☎03-3863-1501

参考価格／735円(税込)　内容量／330ml

BREWERY　Achouffe［アシュフ］

ベルギー

フブロン・シュフ

HOUBLON CHOUFFE

口の中で変化する味わいが たまらないベルギービール

フブロンはフランス語で「ホップ」の意味。ベルギービールでは珍しい IPA は、3 種類のホップを使用。ベルギーらしい青りんごやハーブのフレーバーに加え、薬草や柑橘系を思わせるホップの風味も面白い。後味は苦めだが、アルコール度数の高さを感じさせない。

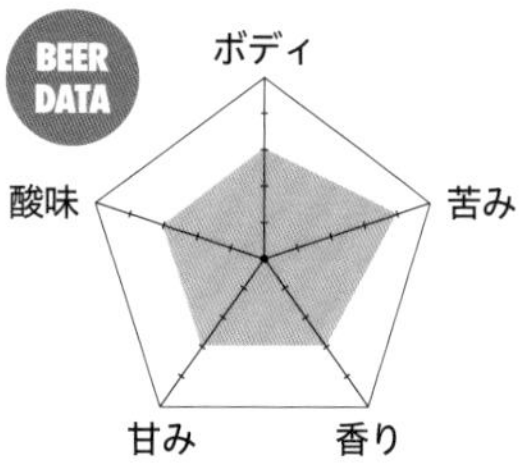

原材料 麦芽、ホップ、糖類
ABV 9.0%

問 小西酒造株式会社 輸入ビール部　☎072-775-1524

参考価格／692円(税込)　内容量／330ml

BREWERY　Nogne［ヌグネ］

ノルウェー

ヌグネ インディアペールエール アメリカン IPA

Nogne India Pale Ale American IPA

注目集める“北欧の巨人” バーベキューなどに最適

“北欧の巨人”と呼ばれ、世界中の愛好家から支持されている IPA。シトラスのフルーティーさとスパイシーさがさわやかに駆け抜け、モルトならではのキャラメルやビスコッティの香ばしさも感じられ、アルコール度数は高めながら飲みやすい。こってり系料理にも合う。

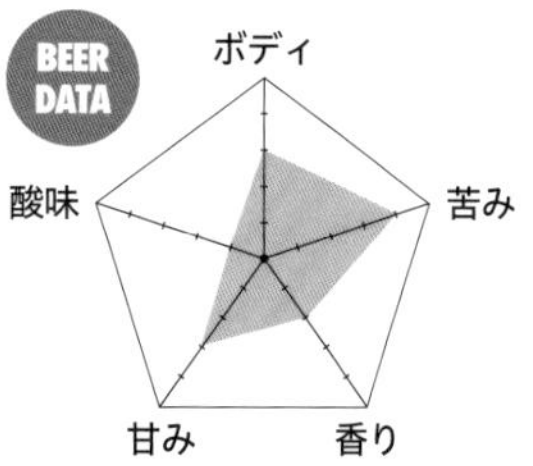

原材料 麦芽、ホップ
ABV 7.5%

問 株式会社ウィスク・イー　☎03-3863-1501

［記載の参考価格は本誌監修のBEER-MAや醸造元及び輸入元各社からご提供いただいた情報に基づいています］

Hazy India Pale Ale

ヘイジーIPA

IPAから派生したスタイルのひとつ。ヘイジー（Hazy）の言葉どおり
濁った液体で、苦みは穏やかかつフルーティー。
「ニューイングランドIPA」とも呼ばれ、世界中で大人気だ。

参考価格／1460円（税込）　内容量／473ml

BREWERY Revision［リヴィジョン］

アメリカ

ポアディシジョンズトリプルIPA

Pour Decisions Triple IPA

度数11%とは思えないほど飲みやすくおいしいビール

トリプルIPAでありながら、ハイアルコールを感じさせない飲みやすさ。マンゴーやメロンを思わせるトロピカルフルーツスムージーのような味わいにほのかなモルトフレーバーが加わり、青い苦みが心地よくあとを引く。口当たりのよさから飲みすぎると危ない1本。

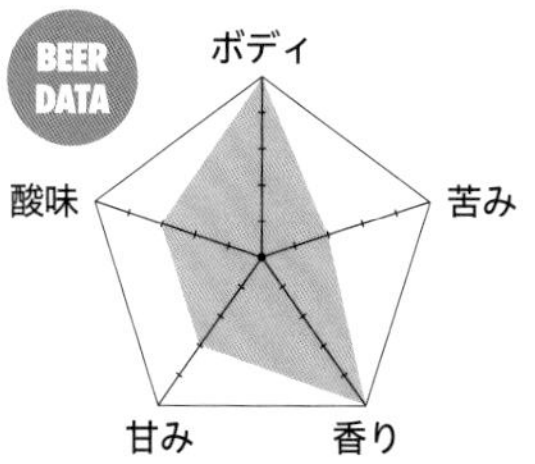

原材料 麦芽、ホップ
ABV 11.0%

問 株式会社ナガノトレーディング　http://www.naganotrading.com/

参考価格／1304円（税込）　内容量／473ml

BREWERY INDUSTRIAL ARTS［インダストリアルアーツ］

アメリカ

レンチ

WRENCH

強烈なトロピカルのアロマはニューヨーカーにも人気

2016年に創業した気鋭のブルワリーが贈るIPA。桃やオレンジ、パインなどのトロピカルなアロマとシトラシーのフレーバーを感じる1本だ。飲み口も心地よくヘイジーIPAをはじめて飲むという方にもおすすめ。オシャレで洗練されたデザインはアメリカでも大人気だ。

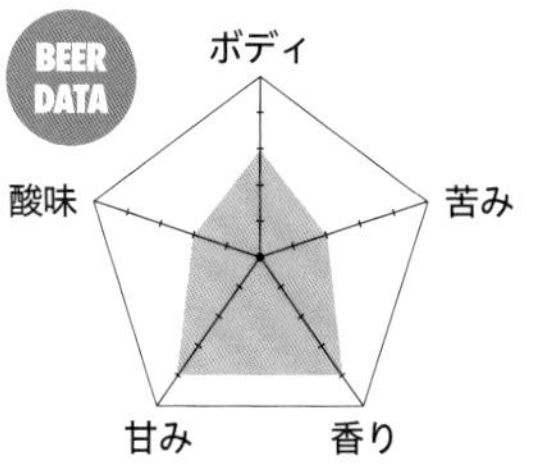

原材料 麦芽、ホップ
ABV 7.1%

問 ファイブ・グッド株式会社　E-mail：contact@fivegood.jp

BREWERY ISEKADO［イセカド］

日本
三重

ねこにひき

Neko Nihiki

参考価格／968円（税込）　内容量／330ml

4種類のホップが醸し出す ジューシーな香りと風味

アメリカ・ポートランドのCulmination brewing（カルミネーション・ブルーイング）とのコラボで生まれたNew England IPA。ホップを贅沢に投入しつつも苦みを抑えめにして、桃やマンゴーのような旨みがたっぷり。まるでトロピカルフルーツを食べているような気分にさせてくれる1本。

ラインナップも豊富。国内外を問わず、数多くの大会で受賞歴がある

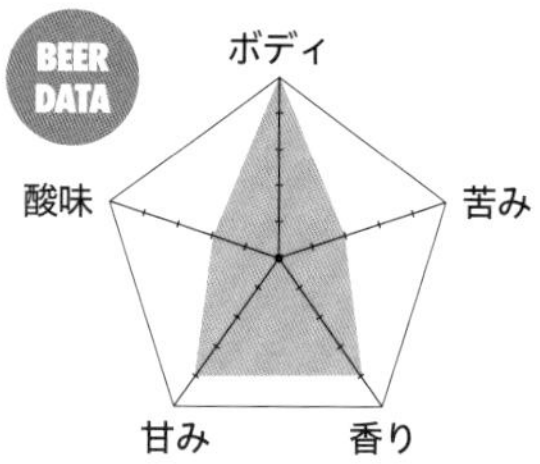

原材料｝大麦麦芽、小麦麦芽、小麦、ホップ

ABV｝8.0%

問 有限会社二軒茶屋餅角屋本店　E-mail：info@kadoyahonten.co.jp

BREWERY Y.MARKET BREWING［ワイマーケットブルーイング］

日本
愛知

ルプリンネクター

LUPULIN NECTAR

参考価格／693円（税込）　内容量／370ml

大量のホップを使用しながら 苦みは穏やかで口当たりよし

強いにごりが特徴のニューイングランドスタイルIPA。フルボディーでアルコール度数も高めながら、まるでネクターのような柔らかな口当たり。シトラス、マンゴー、ピーチなど、トロピカルフルーツのようなホップキャラクターを感じられる、ジューシーで驚くほど飲みやすい味わいだ。

2014年に醸造をスタート、ブルワーのわがままをいっぱい詰め込んだ名古屋市内最初のクラフトビールブルワリー

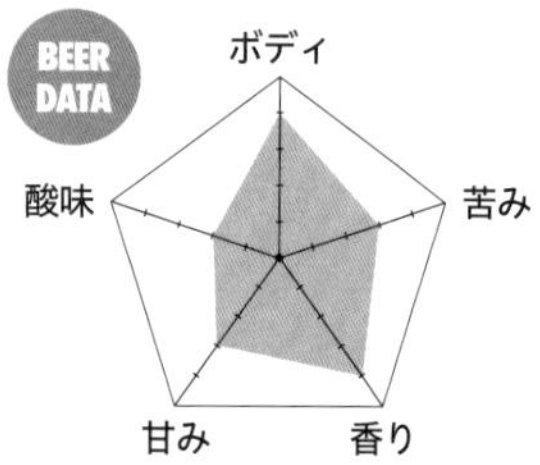

原材料｝麦芽、ホップ

ABV｝7.5%

問 ワイマーケットブルーイング　☎052-908-0758

BREWERY Off Shoot［オフシュート］

アメリカ

リトリート ヘイジーダブルIPA

Retreat Hazy Double IPA

参考価格／1288円(税込)　内容量／473ml

フルーティーでトロピカル ほのかな苦みとマッチ

豊富なIPAのラインナップを誇るオフシュートが自信を持って世に出したウエストコーストスタイルのヘイジーIPA。青い苦みもほんのりありながら、驚くほどのジューシーさが特徴。"最もオーソドックスなヘイジーIPA"といわれるが、完成度もかなり高い。

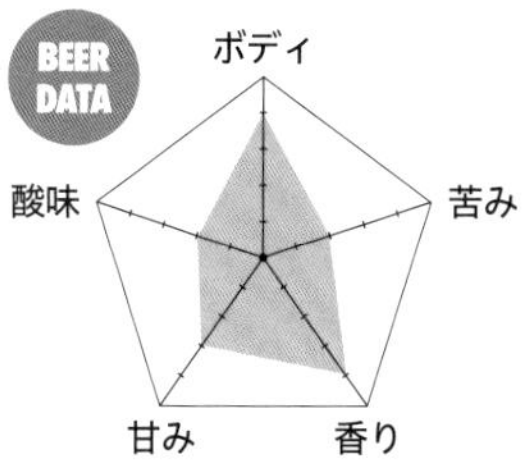

原材料 麦芽、ホップ
ABV 8.6%

問 株式会社ナガノトレーディング　http://www.naganotrading.com/

BREWERY 2SP［ツーエスピー］

アメリカ

アップ＆アウト

UP&OUT

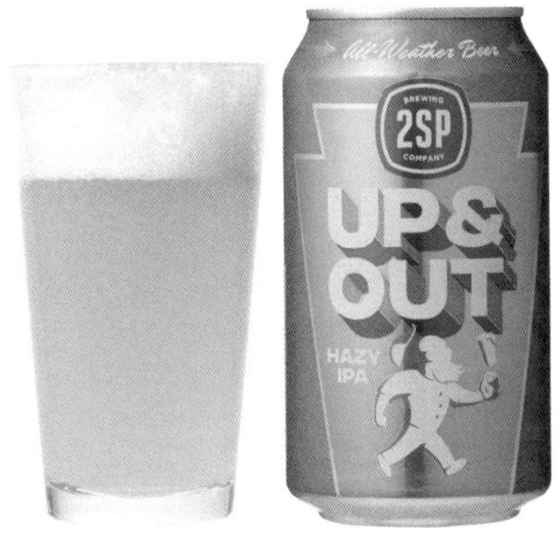

参考価格／881円(税込)　内容量／355ml

ホップ3種が喧嘩せず調和 限りなくジューシーな1杯

モザイク、カスケーズ、シムコーのホップ3種類が見事に調和し、完璧なまでのジューシーさを醸し出している。口に含むと、ストーンフルーツ、ベリー、柑橘系の香りが広がり、ほどよい苦さもマッチして心地よい。ヘイジーIPAが好きな人なら日常的に飲みたくなるはず。

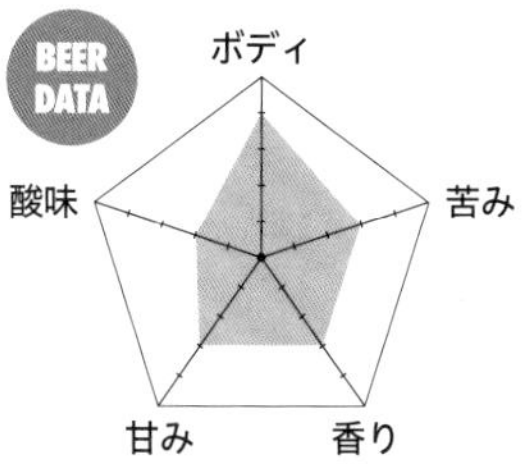

原材料 麦芽、ホップ
ABV 6.0%

問 ファイブ・グッド株式会社　E-mail：contact@fivegood.jp

BREWERY Levante［レヴァンテ］

アメリカ

ホップカルテル サウスパシフィック

HOP CARTEL SOUTH PACIFIC

参考価格／1405円(税込)　内容量／473ml

南半球ホップがたっぷり ジューシーかつフルーティー

レヴァンテは2015年創業の新進気鋭のブルワリー。ホップのブレンドにフォーカスする一連のホップカルテルシリーズを織りなすヘイジーIPAは、4種の南半球生まれのホップを大量に使用。メロンやマスカットの熟したジューシーさとフルーティーさ満載の逸品。

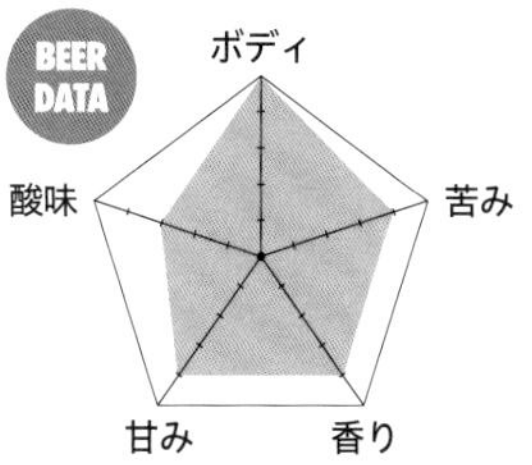

原材料 麦芽、ホップ
ABV 8.0%

問 ファイブ・グッド株式会社　E-mail：contact@fivegood.jp

BREWERY Levante［レヴァンテ］

アメリカ

パープルパインドロップス

PURPLE PINE DROPS

参考価格／1287円（税込）　内容量／473ml

アルコール度数は低くても
ジューシー感溢れる優等生

松の樹脂の香りをヘイジーセッションIPAという形で表現。シムコーホップによるシトラス、松、パッションフルーツのフレーバーとストラタホップによるベリーのような風味が絶妙のバランスを形成。アルコール度数は低めだが、ジューシーな旨みをたっぷり楽しめる。

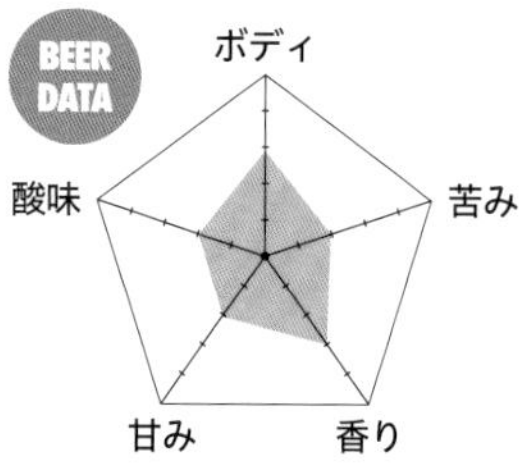

原材料 麦芽、ホップ

ABV 5.5%

問 ファイブ・グッド株式会社　E-mail：contact@fivegood.jp

BREWERY LERVIG［ラーヴィグ］

ノルウェー

テイスティージュース トロピカル ミルクシェイク

Tasty Juice Tropical Milkshake

直営店価格／1450円（税込）　内容量／440ml

濁りを強調した新感覚IPA
ミルクセーキのような味わい

ノルウェーのブルワリーがつくる、大人気のTasty Juiceのツイスト版。オーツ麦と小麦を贅沢に使い、乳糖を加えて柔らかな口当たりを実現。大量のホップによるジューシーなフルーツの香りにバニラのタッチを添えて、ミルクシェイクのように仕上がった。

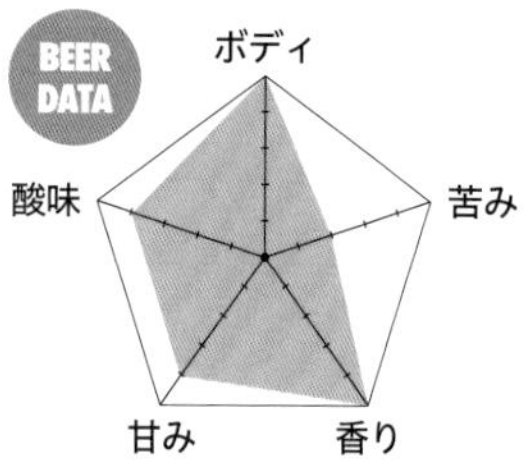

原材料 麦芽、ホップ、麦、糖類、香料

ABV 6.1%

問 レディバード・トレーディング株式会社　E-mail：sales@ladybirdstrading.com

BREWERY Mason Ale Works［メイソン エール ワークス］

アメリカ

ウォンキーコング

WONKEY KONG

参考価格／1577円（税込）　内容量／473ml

酸味と苦みが好バランス
飲みやすさが危険なIPA

カリフォルニアのエイトビットとのコラボで誕生したサワーダブルIPA。洋梨と桃に大量のギャラクシーとモザイクのホップを加え、鮮烈な酸味とフルーティーさとジューシーさを表現。皮ごと齧った果実のような旨みは、度数の高さを感じさせず、つい杯が進んでしまう。

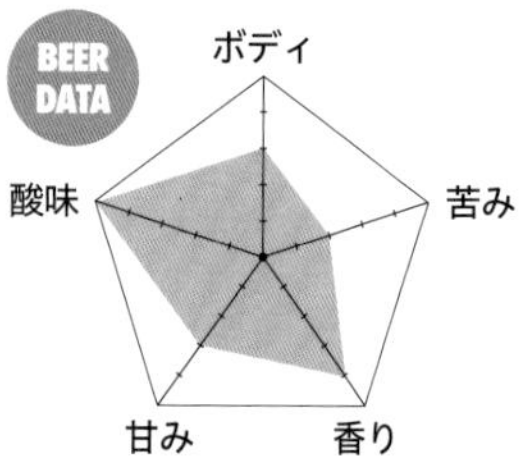

原材料 麦芽、ホップ、オーツ麦、ピューレ（洋梨・桃）

ABV 9.0%

問 株式会社ウル　☎080-4669-5718

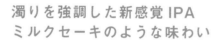

BREWERY Hudson Valley［ハドソンバレー］

アメリカ

ウルトラスフィア

ULTRASPHERE

参考価格／1795円（税込）　内容量／473ml

世界トップレベルを誇る甘酸っぱいサワーIPA

サワーIPAの王様・ハドソンバレーのなかでも最高評価を得ている人気商品。シトラとネルソンソーヴィンを使い、甘酸っぱい味わいを創出。ラズベリーとバニラの風味がよく効いている。ミルキーテイストながら、甘さもほどよく、すっきりとした酸味が際立って飲みやすい。

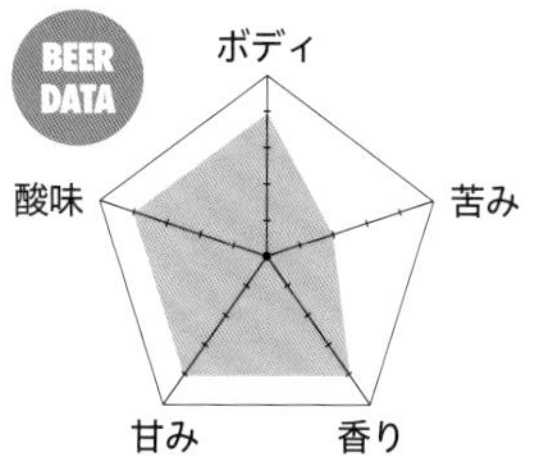

原材料　麦芽、ホップ
ABV　6.0%

問 ファイブ・グッド株式会社　E-mail：contact@fivegood.jp

BREWERY FREMONT［フリモント］

アメリカ

レジェンドIPA

LEGEND IPA

参考価格／831円（税込）　内容量／355ml

ほんのり甘くジューシーで余韻にほのかな苦みが漂う

クリアでジューシーなコールドIPA。シトラ、センテニアル、シトラ・クライオ、ストラタホップを使用。シトラス、グレープフルーツ、イチゴ、桃、松の香りとともにほのかな苦みも感じられる。ジューシーな旨みでボディは軽めながら、キレがあるハイブリッドな１杯。

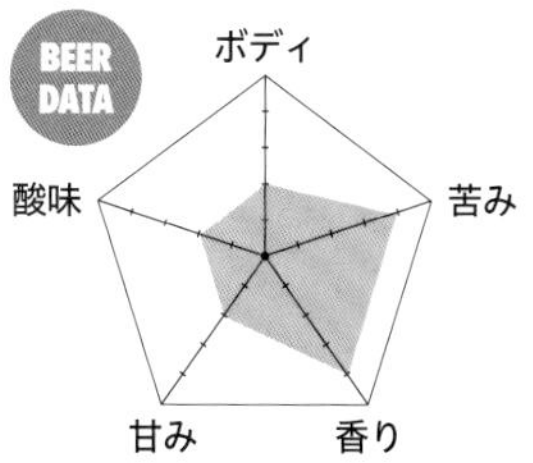

原材料　麦芽、ホップ、米
ABV　7.0%

問 輸入元：エバーグリーンインポーツは問い合わせに対応しておりません。

MINI COLUMN

ビアフェスタで新たなビールとの出合いを

日本でも浸透してきたビアフェスタ。ビール好きが集う熱気あふれるビールの祭典だ。屋外の公園などにテントを設けておこなわれ、クラフトビールや料理などのブースが所狭しと並ぶ。コロナ禍で近年は開催が自粛されることも多かったが、2023年には全国各地で再び開催され、盛り上がりをみせている。

なかでも有名なのは、オクトーバーフェスト。ドイツのミュンヘンで9月末から10月にかけておこなわれる「オクトーバーフェスト」にならったもので、日本では秋の開催でなくても「オクトーバー（10月）フェスト」という。東京や名古屋をはじめとする各地で4月から10月にかけておこなわれ、多くの来場者でにぎわう。

ほかにもさまざまなビアフェスタが開催されているので、ネットなどで最新情報をチェックして、ぜひ足を運んでみてほしい。自分好みの新たなビールに出合えるはずだ。

ポーター・スタウト

ポーターはローストモルトのフレーバーやブラックモルトの苦みに加え、
カラメルのような香ばしさが魅力のダークエール。
焦げたような苦みとクリーミーさが特徴のスタウトは、ポーターの進化形ともいえるスタイルだ。

参考価格／539円(税込)　内容量／330ml

BREWERY Sankt Gallen［サンクトガーレン］

日本 神奈川

スイートバニラスタウト

Sweet Vanilla Stout

ワールドベストの飲み心地 バニラアイスとも相性抜群

2015年のワールド・ビア・アワードのスパイスビール部門でワールドベスト賞を受賞。パプアニューギニア産のバニラを使用した甘めの黒ビールで、しっかりとしたローストにバニラがふんわり広がってスイーツ感覚が楽しめる。後味にチョコレートのような風味も。

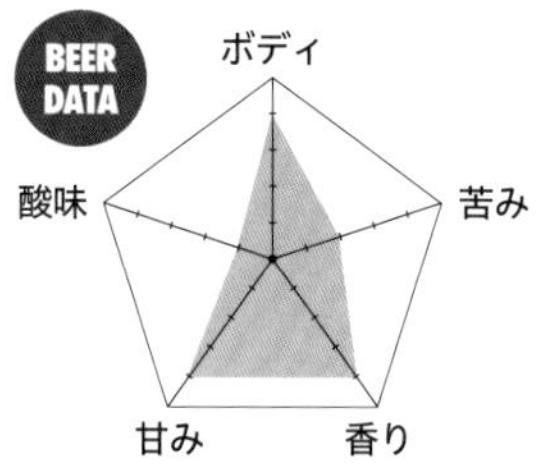

原材料　麦芽、ホップ、バニラ
ABV　6.5%

問 サンクトガーレン有限会社　☎046-224-2317　E-mail:info@SanktGallenBrewery.com

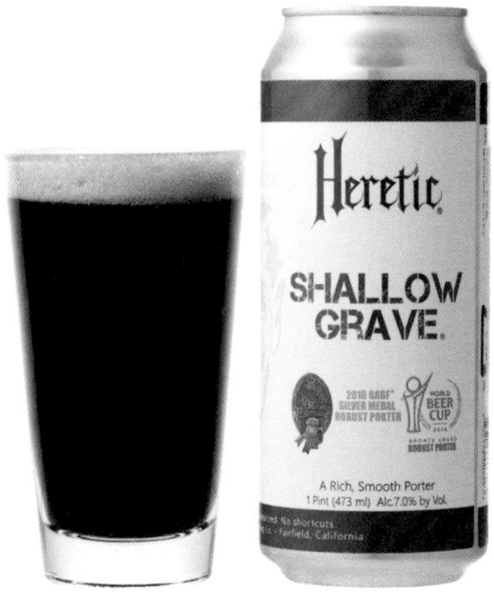

参考価格／オープン価格　内容量／473ml

BREWERY Heretic［ヘレティック］

アメリカ

シャロウグレイヴポーター

SHALLOW GRAVE Porter

世界最高峰の名にふさわしい なめらかでリッチな味わい

外見はグラスの向こう側が見えないほど漆黒ながら、口に含むとチョコレートのような厚みとなめらかさを存分に感じさせてくれるドリンカブルなポーター。ほどよいモルトのリッチな甘みとアルコール感がよくマッチして、ドライでスムースな味わいを演出している。

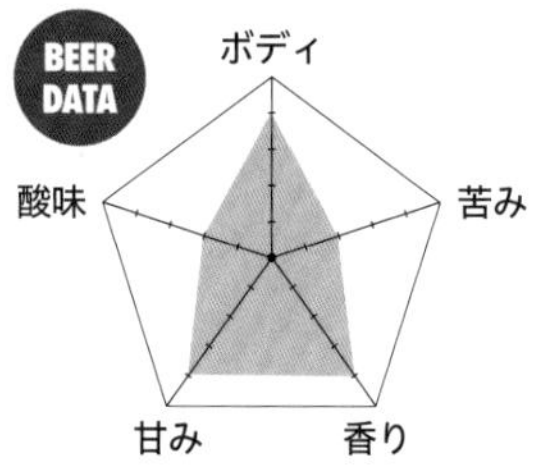

原材料　麦芽、ホップ、酵母
ABV　7.0%

問 株式会社 AQ べボリューション　☎03-5904-9534

BREWERY 箕面ビール

日本
大阪

スタウト

STOUT

直売価格／451円（税込）　内容量／330ml

口当たりよくなめらかな味
カカオとコーヒーの余韻

“何杯でも飲みたい黒”を追求した箕面ビールのフラッグシップ。香ばしさと飲みやすさを兼ね備えたスタウトで、初めにココアやビターチョコなどの香ばしさが漂い、あと口のじわっと来る酸味も印象的。デミグラスのオムライスや焼き鳥など、タレのかかった料理に最適だ。

本社併設の直営店。できたての箕面ビールを楽しむこともできる。

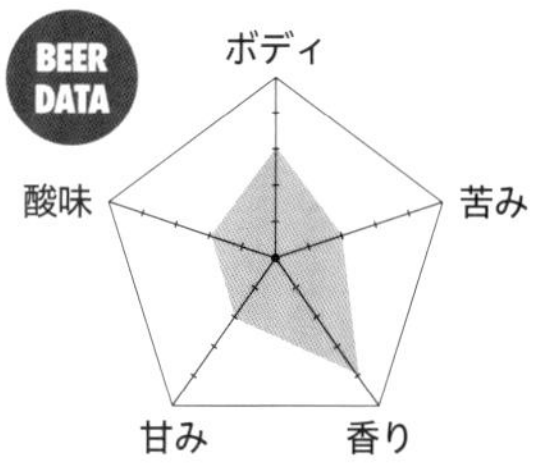

原材料 麦芽、ホップ

ABV 5.5%

問 株式会社箕面ビール　E-mail：info@minoh-beer.jp

BREWERY Belching Beaver［ベルチングビーバー］

アメリカ

ピーナッツバター ミルクスタウト

Peanut Butter Milk Stout

参考価格／832円（税込）　内容量／355ml

ミルクスタウトにピーナッツバター
絶妙なバランスのフレーバーが魅力

Belching Beaverの名が世に知れ渡るきっかけとなった、ピーナッツバターを使ったミルクスタウト。ローストピーナッツやコーヒーの香ばしさに甘いチョコレートの香りが絶妙に融合。飲み口はシルクのようにスムースで軽快だ。多くのファンを持つ、まさに唯一無二の傑作だ。

「World Beer Championships」など、多くのコンペティションでメダルを獲得した。

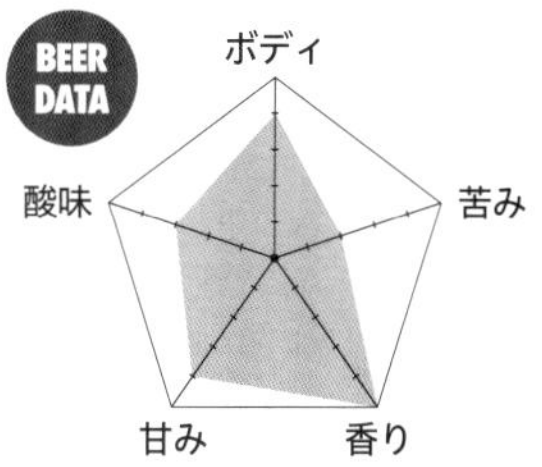

原材料 麦芽、ホップ、ピーナッツ、乳糖、チョコレート、コーヒー

ABV 5.3%

問 株式会社ナガノトレーディング　http://www.naganotrading.com/

参考価格／1162円（税込）　内容量／473ml

BREWERY North Coast［ノースコースト］

アメリカ

オールド ラスプーチン ロシアンインペリアルスタウト

Old Rasputin Russian Imperial Stout

18世紀のロシアを感じさせる アメリカンビールの頂点

18世紀にイギリスがロシアの女帝・エカチェリーナ2世に献上するためにつくられたという由来を持つインペリアルスタウト。しっかりとしたローストと鮮やかなホップの苦みが特徴。甘みと苦みのバランスもよく、ダークチョコレートのような深みのある味わいの1本。

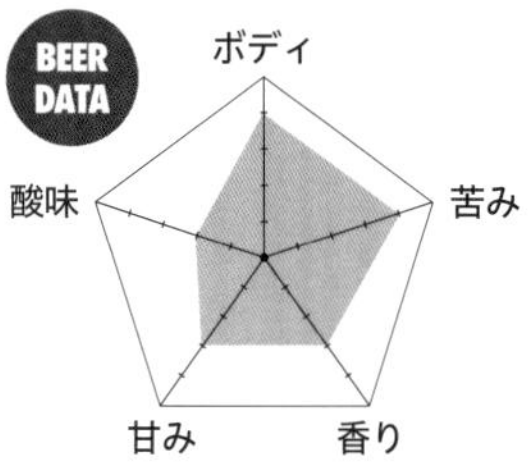

原材料　麦芽、ホップ
ABV　9.0%

問 株式会社ナガノトレーディング　http://www.naganotrading.com/

参考価格／1250円（税込）　内容量／330ml

BREWERY Harviestoun［ハービストン］

スコットランド

オーラドゥ 21

OLA DUBH

ウイスキー樽で6ヵ月熟成 香りは濃厚で爽快なのどごし

オーラドゥは「ブラックオイル」の意味。リッチでスムースなスタウトをシングルモルト「ハイランドパーク12年」の空き樽で6ヵ月間熟成。しっかりとした樽感があり、ウイスキーの香味も加わった個性的かつ奥行きのある味わいに。寒い日には常温で飲んでもイケる。

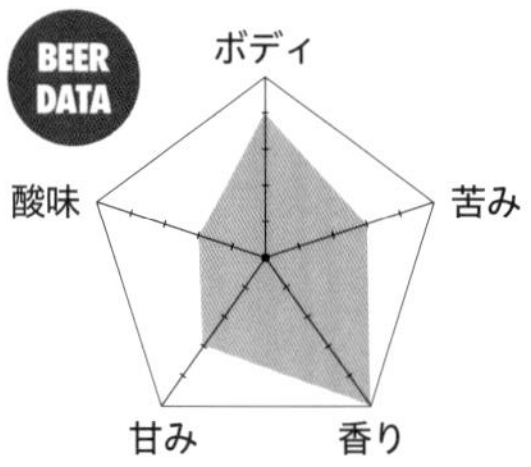

原材料　麦芽、ホップ、オート麦
ABV　8.0%

問 株式会社ウィスク・イー　☎03-3863-1501

参考価格／778円（税込）　内容量／330ml

BREWERY De Molen［デモーレン］

オランダ

ヘル＆ベルドーメニス

Hel&Verdoemenis

ハイアルコールの重厚感と ローストのリッチな旨み

2011年のベストブルワーズ・イン・ザ・ワールドで世界5位にランクされたクラフトビール界を牽引するデモーレンのインペリアルスタウト。香り、味わいともボリューム感があり、コーヒーフレーバーと炭のようなロースト感漂うリッチな旨みと長い余韻がたまらない。

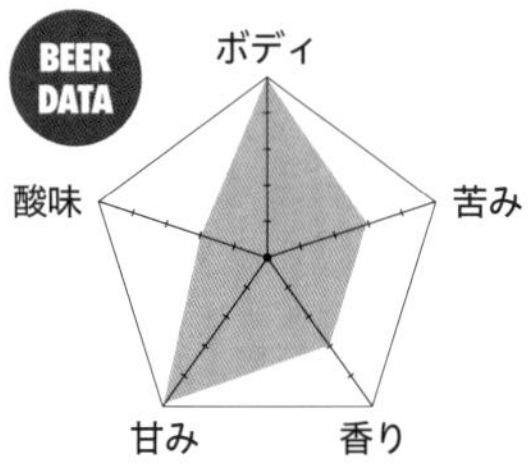

原材料　麦芽、ホップ、砂糖
ABV　10.0%

問 株式会社ウィスク・イー　☎03-3863-1501

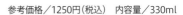

参考価格／オープン価格　内容量／330ml

BREWERY Omnipollo［オムニポロ］

スウェーデン

ノア ピーカン マッドケーキ バーボン バレルエイジド 2022

NOA PECAN MUDCAKE BOURBON BA 2022

バーボン樽で熟成された濃厚かつ贅沢な１杯

「人々のイメージを根底から覆すこと」をモットーとするスウェーデンの人気ブルワリーの渾身のインペリアルスタウト。バーボン樽で約１年熟成し、樽由来ならではの奥行きの深い味わいを加味。チョコレートケーキとバニラのフレーバーが苦みを引き立てている。

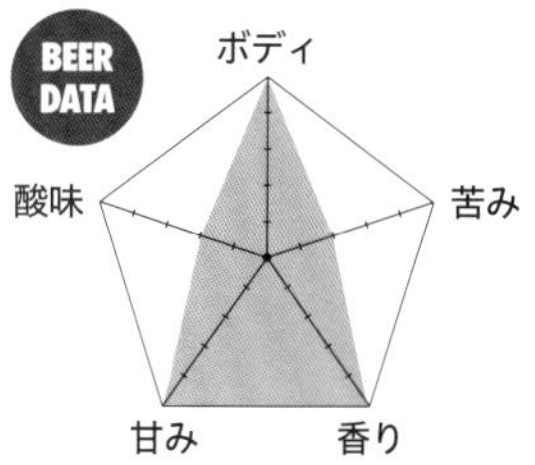

原材料 ＞ 麦芽、ホップ、酵母、オーツ麦、シロップ、バニラ豆

ABV ＞ 14.5%

問 株式会社 AQ ベボリューション　☎03-5904-9534

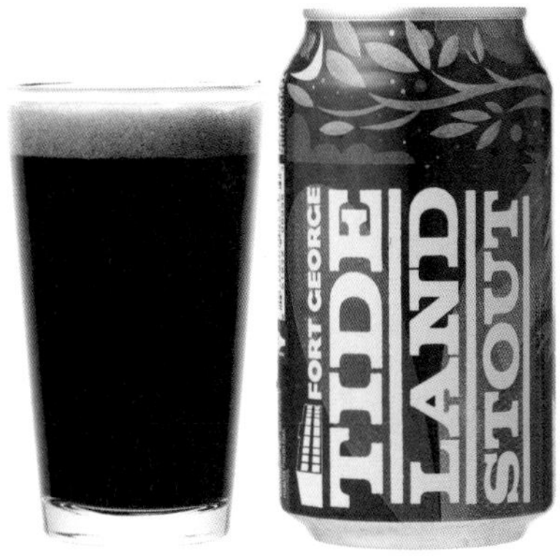

参考価格／986円(税込)　内容量／355ml

BREWERY FORT GEORGE［フォートジョージ］

アメリカ

タイドランドスタウト

TIDE LAND STOUT

樽熟成スタウトの重厚さカジュアルで濃いめの１杯

タイドランドは「干潟《ひがた》」の意味。「淡水と海水が合流する場所」にちなんで、樽熟成スタウトとスタウトの融合をテーマにつくられた。15ヵ月間樽熟成したスタウトのモルティな重厚さがリッチなフレーバーに融合。フレッシュですっきりした飲み心地へと誘う。

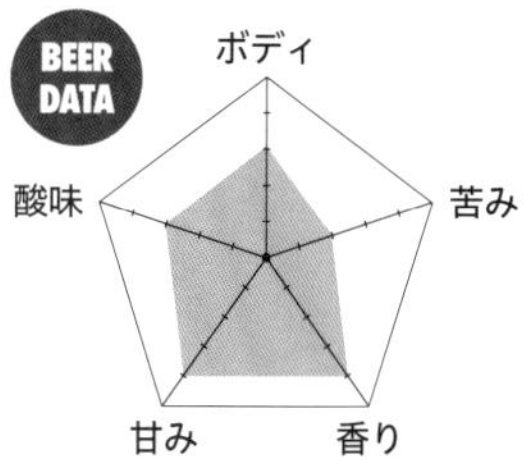

原材料 ＞ 麦芽、ホップ

ABV ＞ 5.0%

問 輸入元：エバーグリーンインポーツは問い合わせに対応しておりません。

参考価格／1232円(税込)　内容量／330ml

BREWERY Pohjala［プヤラ］

エストニア

ピムオオ

Pime Öö

闇夜に飲みたいスタウト余韻までじっくり楽しみたい

プヤラはエストニアの首都タリンに2011年にオープンしたブルワリー。エストニア語で「闇夜」を意味するこのスタウトは、チョコレートやジャムのような甘い香りと、とろりとしながらもスムーズな飲み口が特徴。人生の暗い時期を乗り越えさせてくれる味わいだ。

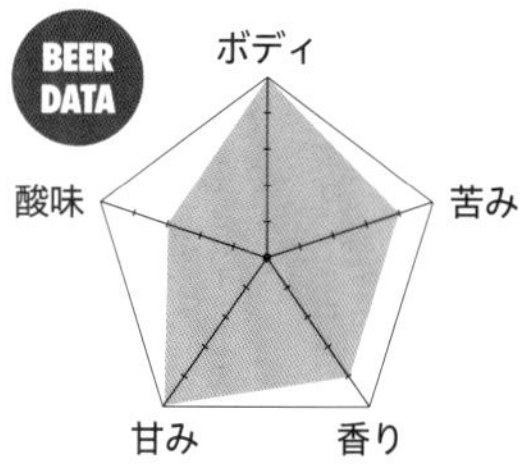

原材料 ＞ 麦芽、ホップ

ABV ＞ 13.6%

問 えぞ麦酒株式会社　☎011-614-0191

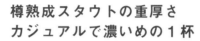

参考価格／4514円(税込)　内容量／650ml

BREWERY FREMONT［フリモント］

アメリカ

バレルエイジドダークスター

Barrel Aged Dark Star

度数の高いフルボディでも 口当たりはとてもスムース

ケンタッキーバーボンを寝かせた樽で熟成させたバーボンエイジドダークスターをブレンド。穏やかな苦みとともにバニラやドライフルーツなどのフレーバーが次々に口の中に広がり、バーボン樽のこっくり感と絶妙のバランスを形成。とてもスムースで口当たりもよい。

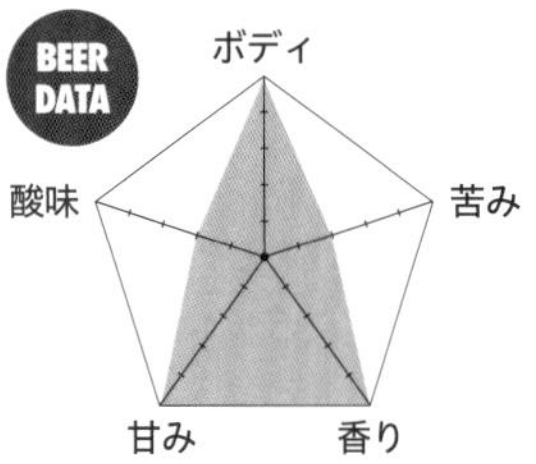

原材料　麦芽、ホップ
ABV　12.7%

問 輸入元：エバーグリーンインポーツは問い合わせに対応しておりません。

参考価格／オープン価格　内容量／355ml

BREWERY Epic［エピック］

アメリカ

サンオブアバプティスト

Son of a Baptist

コーヒーロースターの豆を使用 複雑な味わいとまったり感

Epicを代表するビールであるビッグバッドバプティストの息子的存在のコーヒースタウト。“父親”のように樽熟成されていないが、醸造に使用したノヴァコーヒーの特徴を十二分に引き出した複雑な味わいに。コーヒーとカカオニブが織りなすまったりした飲み心地も◎。

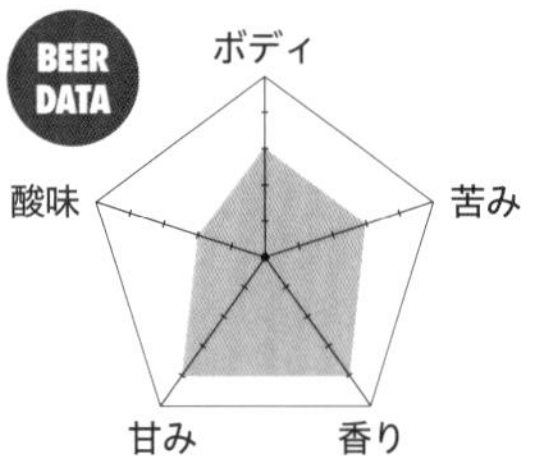

原材料　麦芽、ホップ
ABV　8.0%

問 株式会社 AQ ベボリューション　☎03-5904-9534

参考価格／2200円(税込)　内容量／375ml

BREWERY Jackie O's Pub & Brewery［ジャッキーオーズ］

アメリカ

ブラックマスク

Black Mask

コーヒー、カカオの香ばしさ ウキウキ気分になれる1本

バーボン樽で1年間熟成させたインペリアルスタウトにコーヒー豆、カカオ豆、バニラ豆などを加えた贅沢な1本。しっかりとしたロースト感と、コーヒー、チョコレートのような香ばしさと重厚な甘みが個性的。度数は強いが、親しみやすい味わいで、気分も盛り上がる。

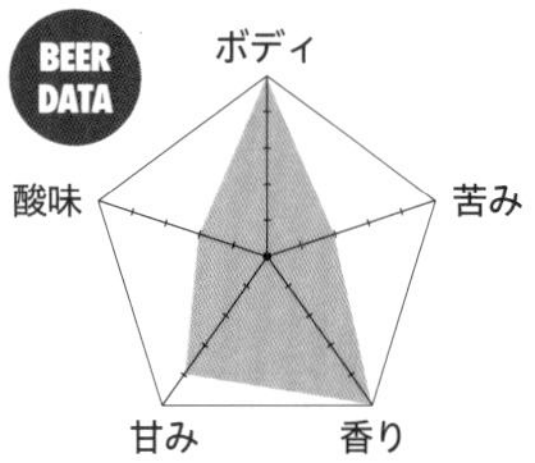

原材料　麦芽、ホップ、黒糖、砂糖、コーヒー豆、バニラ、カカオ
ABV　12.6%

問 カーディナルトレーディング株式会社　E-mail：contact@cardinaltrading.jp

COLUMN

チェコ、オーストリア、フランス、オーストラリア その他の国のおもなビールスタイル

ビール大国から広がり 独自のビール文化が完成

ベルギー、ドイツ、イギリスなどのビール大国を抱えるヨーロッパでは、ビール文化が周囲の国々へと広がり、発展してきた歴史がある。

チェコのピルゼンでは、現在世界中で飲まれている「ピルスナー」が、オーストリアではその地名を冠した「ヴィエナ（ウィーン）・ラガー」が生み出された。いずれもラガー発祥の地であるドイツと隣接しており、人の移動とともにビール文化も広まったのだろう。

一方、ベルギーとのつながりが深いフランスでは、セゾン（P63～）と同様に、暑い時季の飲み物として「ビエール・ド・ギャルド」が誕生した。

またオーストラリアには、イギリスのペールエールを基本にしてつくられた「オーストラリアン・ペールエール」があり、伝統的なスタイルとして現在も親しまれている。

近年では、ビール大国だけでなく、さまざまな地域でオリジナリティ溢れるビールがつくられている。新しい味を探してみよう。

チェコの代表的なスタイル

ボヘミア・ピルスナー

濃厚で複雑味のある麦芽と、しっかりとした苦みのあるホップが調和。豊かなきめ細かい泡立ちの、ソフトでさわやかなスタイル。

オーストリアの代表的なスタイル

ヴィエナ・ラガー

ウィーン発祥のスタイル。自国のモルトの上品さと、ほのかな甘みですっきりとした飲み口。メキシコでもつくられているスタイル。

フランスの代表的なスタイル

ビエール・ド・ギャルド

暑い時季の農作業の合間に飲まれる、フランス北部発祥の伝統的なエール。モルトの甘みとトースト香が感じられ、苦みは控えめ。

オーストラリアの代表的なスタイル

オーストラリアン・ペールエール

フルーティーで華やかに香り立つペールエール。ホップのアロマは控えめで、苦みはミディアムからミディアムハイと強め。

ペールエール

イギリス発祥の伝統的なビールスタイル。
のちにアメリカでもつくられるようになり、そちらは「アメリカンペールエール」と呼ぶことも。
比較的色が淡いことから「淡い」を意味する「Pale」の名がついたといわれている。

参考価格／447円(税込)　内容量／330ml

BREWERY FULLER'S［フラーズ］

イギリス

フラーズ ロンドンプライド

FULLER'S LONDON PRIDE

ロンドンの人々に愛され続ける伝統のプレミアムエール

ロンドンの老舗、フラーズ醸造所の伝統のプレミアムエール。1845年からつくられ、長きにわたってロンドンの人々に愛されてきた。3種のホップを使って麦芽とともに仕込んだ逸品は深い琥珀色で、穏やかでありながら奥深い味わいはまさに永遠のスタンダードといえる。

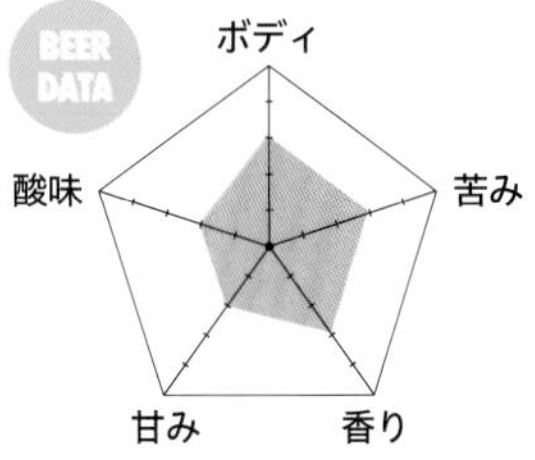

原材料 麦芽、ホップ
ABV 5.0%

問 アイコン・ユーロパブ株式会社　E-mail：Info@htg-iep.com

参考価格／オープン価格　内容量／330ml

BREWERY ROBINSONS［ロビンソンズ］

イギリス

アイアンメイデン トゥルーパー

Iron Maiden Trooper

世界的なバンドとのコラボ 飲みごたえと飲みやすさが◎

イギリスのヘビーメタルバンド「アイアンメイデン」のボーカリスト、ブルース・ディッキンソンとロビンソンズ醸造所とのコラボで誕生。深みのある味わいで飲みごたえがありながら、飲みやすさも備えた絶妙なバランスのビールは、パブで飲んでいるかのような楽しさがある。

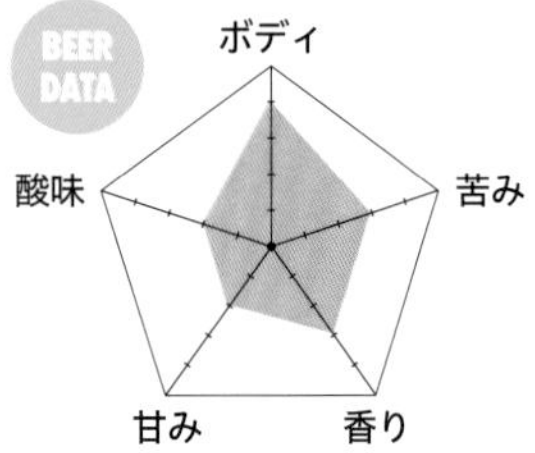

原材料 麦芽、小麦、糖類、ホップ
ABV 4.7%

問 株式会社廣島　☎092-733-0822

BREWERY 山口萩ビール

日本
山口

ちょんまげビール ペールエール

Cyonmage Pale Ale

希望小売価格／418円(税込)　内容量／330ml

選び抜いた4つの原料のみで醸造「イングリッシュテイスト」を表現

醸造所では、水、ホップ、モルト、酵母の4つのみを原料に、鮮度の高いビールを飲み手に届けられるよう注力。スタンダードな「イングリッシュテイスト」を表現したこちらのペールエールは、フルーティーでありながらドライな後味が心地よく、いくらでも飲めてしまう。

目の前には海が広がる醸造所。透き通るような青空のもと、ビールがつくられる。

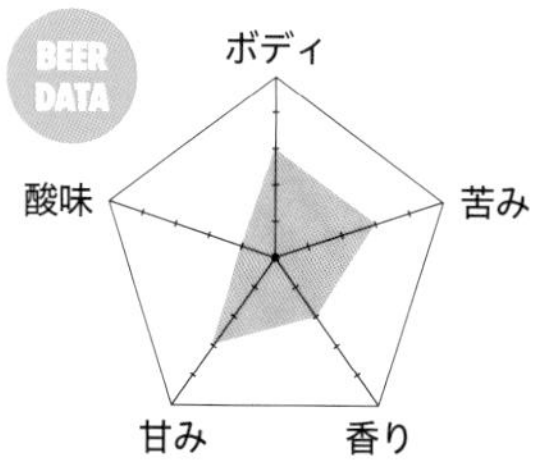

原材料　麦芽、ホップ

ABV　5.0%

問 山口萩ビール株式会社　☎0838-25-5612

BREWERY わかさいも本舗

日本
北海道

のぼりべつ地ビール 鬼伝説

金鬼ペールエール

Kinoni Pale Ale

直営店舗価格／550円(税込)　内容量／330ml

登別の水で仕込むペールエールはフルーティーでなめらか

自然豊かな登別の水で醸造する無濾過の地ビール。1回分の仕込みごとに使用するホップを変えてつくられる、アメリカンタイプのペールエールだ。シャープな苦みと柑橘系の香りが心地よく、すっきりとしたフルーティーさがありながら、のどごしはなめらかだ。

醸造所内の風景。ここから数々の賞を受賞してきたビールが誕生する

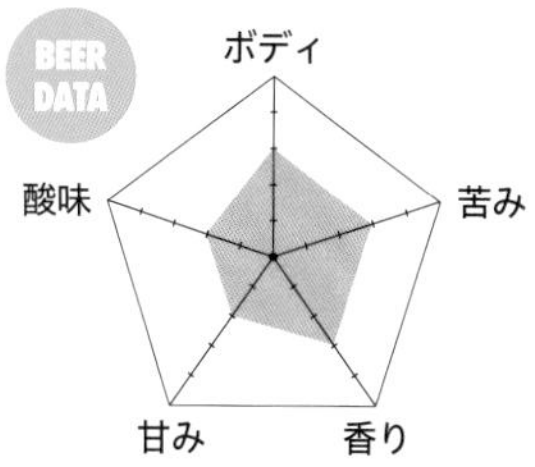

原材料　麦芽、ホップ

ABV　5.5%

問 株式会社わかさいも本舗　☎0120-211-850

BREWERY Y.MARKET BREWING［ワイマーケットブルーイング］

日本 愛知

パープルスカイ ペールエール

Purple Sky Pale Ale

参考価格／473円(税込)　内容量／370ml

シトラスホップが香る 爽やかなアメリカンペールエール

ライトミディアムなボディにシトラホップが香るアメリカンペールエール。苦みは控えめで、ごくごく飲める仕上がりに。パープルスカイの名は「蒸し暑く、分厚い雲が広がった“あの日”の紫色の空」をイメージ。あの遠い日の“こんなビールが飲みたい”を形にした1本だ。

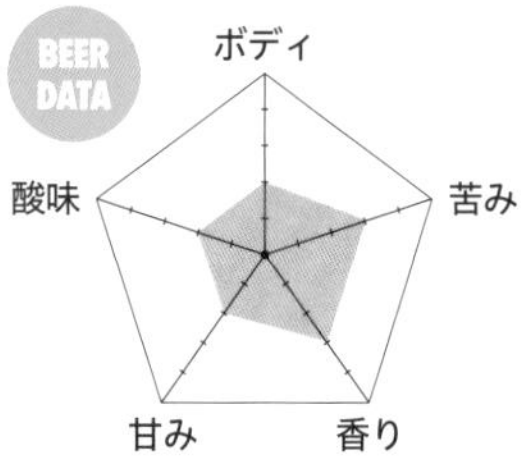

原材料 ＞ 麦芽、ホップ
ABV ＞ 5.5%

問 ワイマーケットブルーイング　☎052-908-0758

BREWERY Sierra Nevada［シエラネバダ］

アメリカ

シエラネバダ ペールエール

Sierra Nevada Pale Ale

参考価格／706円(税込)　内容量／355ml

多くの醸造家たちに影響を与えた クラフトビールの名作

1980年からつくられている、クラフトビールの代名詞ともいえる名作で、多くのビールのつくり手たちに影響を与え続けてきた。現代のホッピーなペールエールで、シトラス系の香りとほどよいボディ感のある飲みごたえは絶妙。飽きることなく飲み続けられる不朽の逸品だ。

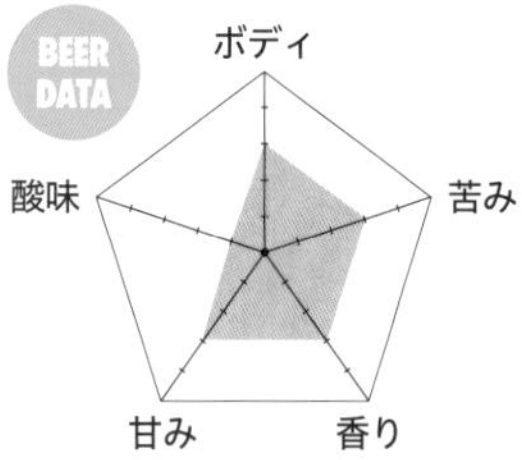

原材料 ＞ 麦芽、ホップ
ABV ＞ 5.6%

問 株式会社ナガノトレーディング　http://www.naganotrading.com/

MINI COLUMN

多彩な味わいの「イングリッシュ・エール」

ペールエールは、伝統的なイギリス発祥のスタイル「イングリッシュ・エール」のひとつ。イングリッシュ・エールは基本的には苦みは少なめで、炭酸も控えめ。ペールエールのほかにも、ブラウンエールやサマーエール、マイルドエールなどがある。それぞれに特徴があるので、その違いを楽しんでみるのもおすすめだ。

ブラウンエール
麦の香ばしさが魅力で、ミディアムボディでドライなものが多いが、なかには濃厚で甘みのあるものも。

サマーエール
ホップのアロマと苦み、麦芽の甘みが感じられる。ほんのりとビスケットのような香りも。さわやかでのどごしがよい。

マイルドエール
麦芽の甘さが特徴で、苦みが少ない。アルコール度数は低めで、バタースコッチのような「ダイアセチル香」があるほうがよりよいとされる。

参考価格／1135円(税込)　内容量／473ml

BREWERY INDUSTRIAL ARTS［インダストリアルアーツ］

アメリカ

ツールズ オブ ザ トレード XPA

TOOLS OF THE TRADE XPA

エクストラペールエールならではのフルーティーさと軽やかなキレ

ペールエールとIPAの間を目指したXPA（エクストラペールエール）ならではの、しっかりとしたフルーティーな味わいが魅力。アプリコットや桃を思わせる甘い香りに加え、爽やかな苦みも感じる。サッとキレるバランスも絶妙の1本だ。

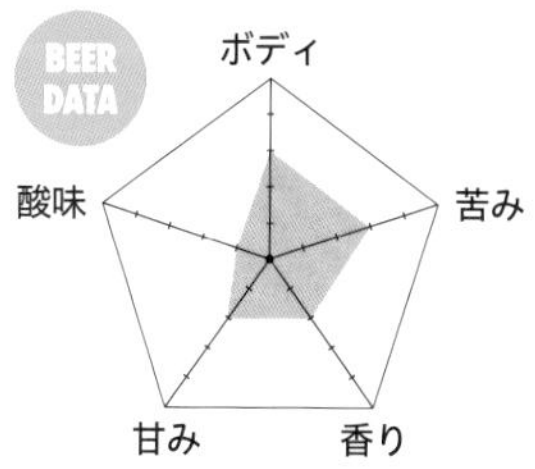

原材料｜麦芽、ホップ
ABV｜4.9%

問 ファイブ・グッド株式会社　E-mail：contact@fivegood.jp

参考価格／1456円(税込)　内容量／473ml

BREWERY Tired Hands［タイアードハンズ］

アメリカ

ホップハンズ

HOP HANDS

柑橘系の心地よい香味漂う“濁り系”ペールエール

2012年にペンシルベニア州で設立され、いまや世界的にも人気の高いブルワリー、タイアードハンズが手がける濁り系のペールエール。タンジェリンのようなほんのりとした苦みを含む柑橘系の香味としっかりとした飲みごたえがありながら、すっきりとした後味もいい。

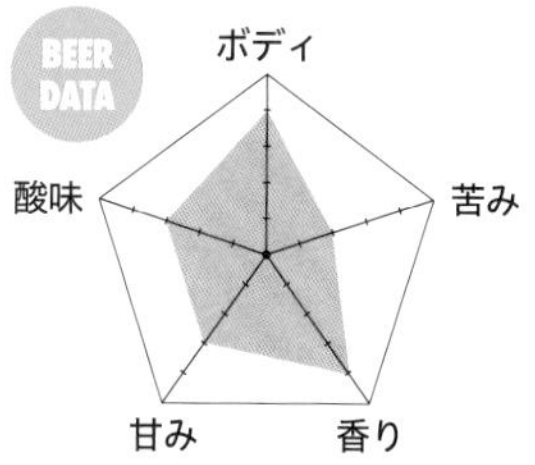

原材料｜麦芽、ホップ
ABV｜5%

問 ファイブ・グッド株式会社　E-mail：contact@fivegood.jp

直営店価格／650円(税込)　内容量／330ml

BREWERY LERVIG［ラーヴィグ］

ノルウェー

ラッキージャック マンゴー

LUCKY JACK MANGO

マンゴーを丸ごと味わうような甘い香りのフルーティーな逸品

2003年に創業した、ノルウェーのクラフトビールの代表的なブルワリー、ラーヴィグがつくるフルーツペールエール。開栓した途端にマンゴーの甘い香りが広がり、甘みにほんのりとした苦みが加わる味わいも楽しい。マンゴーを丸ごと味わうような魅力的な1本だ。

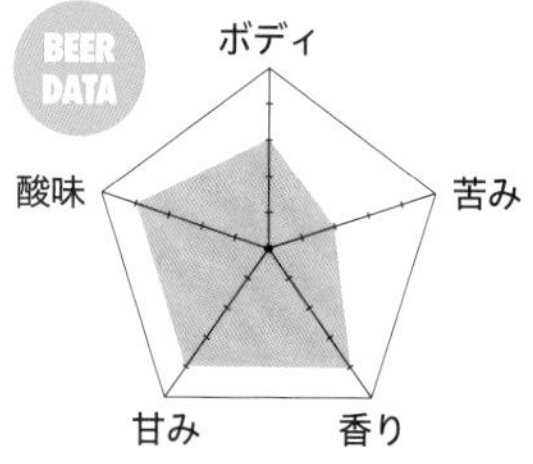

原材料｜麦芽、ホップ、香料
ABV｜4.7%

問 レディバード・トレーディング株式会社　E-mail：sales@ladybirdstrading.com

White Ale

ホワイトエール

ベルギー発祥のスタイル。大麦ではなく小麦が使われるため、液色は白濁。
伝統的にコリアンダーやオレンジピールで風味づけされることが多く、
フルーティーで飲み口のよいビールに仕上がる。

参考価格／550円（税込）　内容量／360ml

BREWERY TWO RABBITS BREWING［ツーラビッツブルーイング］

日本
滋賀

金柑ウィット

KINKAN WIT

創業者はオーストラリア出身
金柑香るベルギー式ビール

つくり手はオーストラリア出身のショーン氏率いる近江八幡市のブルワリー。こちらはクラシックなベルギースタイルのウィット（ホワイト）ビールに国産の金柑やコリアンダーをプラス。滋賀県産小麦も使用したフルーティーな逸品だ。

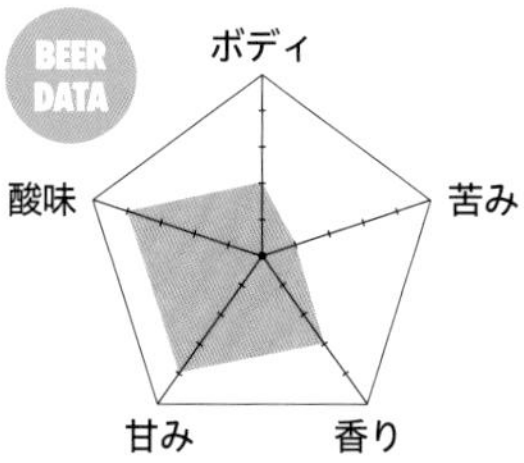

原材料：麦芽、ホップ、金柑、コリアンダーシード
ABV：4.5%

問 TWO RABBITS BREWING　E-mail：info@tworabbitsbrewing.com

参考価格／792円（税込）　内容量／330ml

BREWERY HEISEI BREWING［ヘイセイブルーイング］

日本
新潟

越の梅

Kosinoume

新潟県産の「越の梅」を使用
はじけるような酸っぱさ

長岡市で400年続く醤油屋さんが手がけるホワイトエール。小ぶりながら果肉がたっぷりと詰まった新潟県固有の梅の品種「越の梅」を使用。自然抽出された濃縮梅エキスも加え、はじけるような酸っぱさが感じられる味わいに仕上がっている。

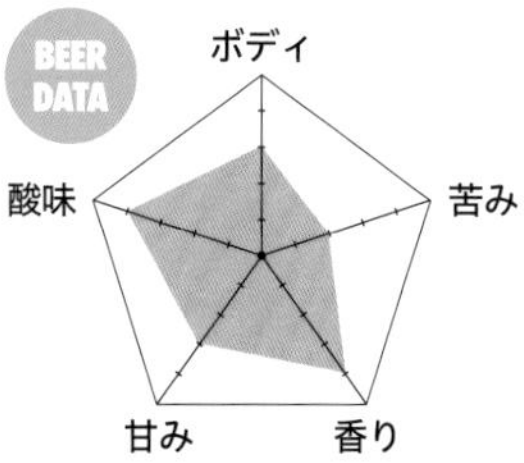

原材料：麦芽、ホップ、梅、水飴
ABV：5.0%

問 HEISEI BREWING　E-mail：info.heiseibrewing@gmail.com

BREWERY 木内酒造

日本
茨城

常陸野ネスト ホワイトエール

HITACHINO NEST WHITE ALE

参考価格／435円(税込)　内容量／330ml

国内外で高い評価を得る 柔らかな薄濁りの逸品

国内外のビールコンテストで数多くの金賞やチャンピオンを受賞。アメリカ・ニューヨークでも圧倒的な人気を誇るホワイトエールだ。小麦麦芽にホップ、コリアンダー、オレンジピールなどを加えてできた薄濁りの逸品はさわやかで柔らかな味わい。

1994 年からビールづくりに挑戦。数々の賞を受賞し、常に最高の味を追求している

問 木内酒造株式会社　☎029-212-5111

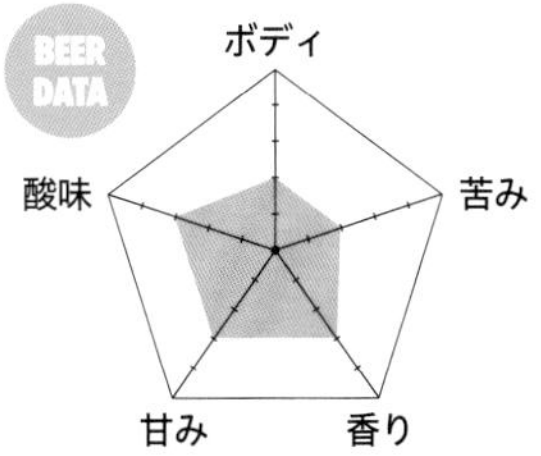

原材料　麦芽、ホップ、小麦、オレンジ果汁、オレンジピール、コリアンダーシード、ナツメグ

ABV　5.5%

BREWERY B.M.B Brewery［ビーエムビー ブルワリー］

日本
宮崎

インソムニア

INSOMNIA

参考価格／957円(税込)　内容量／330ml

宮崎県産の「へべす」を使用 柑橘のさわやかさを味わいたい

宮崎市でビアバーを運営する仲間たちで立ち上げたブルワリーが手がける人気の1本。かぼすによく似た宮崎県産の柑橘類「へべす」を使ったホワイトエールはサワーエールとも呼べる、さわやかですっきりとした飲み心地が魅力だ。

他の商品も多彩。写真はPoint Nemo バレルエイジドインペリアルスタウト。樽熟成の濃い黒ビール。ビールはもちろん、王冠にろうを垂らすのも手作業

問 株式会社ノチデ　☎080-4692-3745

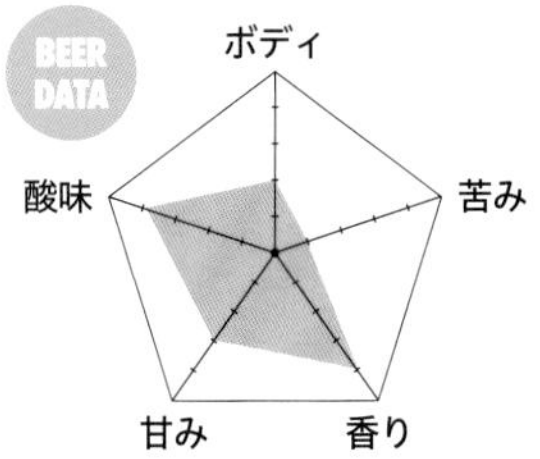

原材料　麦芽、へべす、ホップ、天日干塩

ABV　4.5%

BREWERY Hoegaarden［ヒューガルデン］

ベルギー

ヒューガルデン ホワイト

Hoegaarden White

参考価格／300円(税込)　内容量／330ml

世界中で愛される フルーティーなベルギーホワイト

言わずと知れたベルギーの名作。現代のホワイトエールの基礎となったビールともいわれるその味わいは、さわやかでフルーティー。オレンジピールとコリアンダーシードを組み合わせた穏やかな苦みで、どんな料理とも合わせやすい。ビールをあまり飲まない人にもおすすめ。

どんなフードとも相性がよいホワイトビール

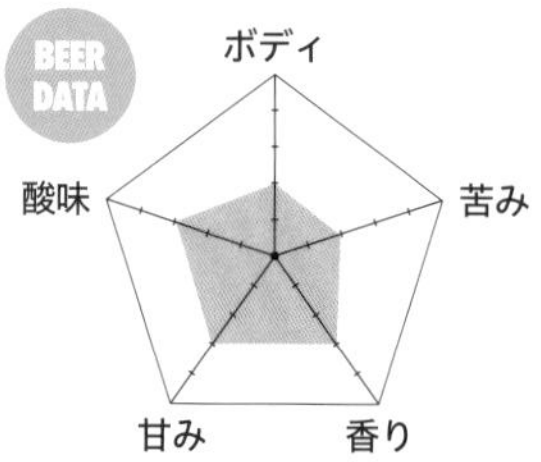

原材料 麦芽、ホップ、小麦、コリアンダーシード、オレンジピール

ABV 5.0%

問 エービーインベブジャパン合同会社　☎0570-093-920　https://hoegaarden.jp/

BREWERY St.Bernardus［セントベルナルデュス］

ベルギー

セントベルナルデュス ホワイト

St.Bernardus White

直売価格／620円(税込)　内容量／330ml

“ホワイトビールの神”が手がけた さわやかで飲みごたえある逸品

ホワイトビールを復活させ、ヒューガルデン ホワイトなどの名だたるビールを生み出してきたピエール・セリス氏が醸造元と共同で手がけた逸品。さわやかながらしっかりとした飲みごたえもあり、ゆっくりとくつろぎながら味わいたい。

東京・内神田にあるセントベルナルデュス醸造所の日本旗艦店

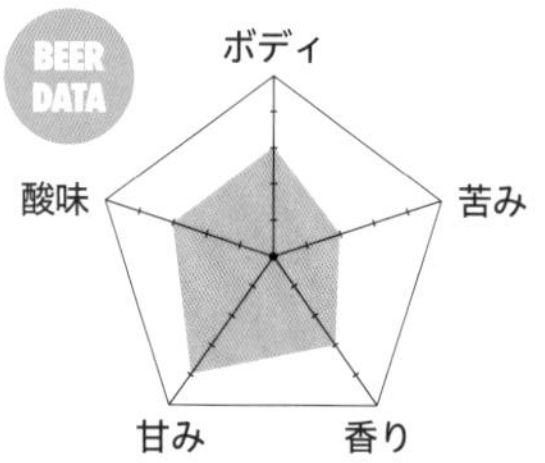

原材料 麦芽、小麦、糖類、ホップ、オレンジピール、コリアンダー

ABV 5.5%

問 EVER BREW 株式会社　☎03-6206-6550

BREWERY DUVEL［デュベル］

ベルギー

ヴェデット・エクストラ・ホワイト

VEDETT EXTRA WHITE

参考価格／435円(税込)　内容量／330ml

さわやかでほんのりスパイシー 自分だけの写真つきボトルも

厳選された自然原料だけを使用。オレンジピールとコリアンダーをアクセントに、さわやかでほんのりスパイシーな味わいが楽しめる。お気に入りの写真をラベルにプリントしたオリジナルボトルをつくってもらえるサービスも人気だ。

BEER DATA

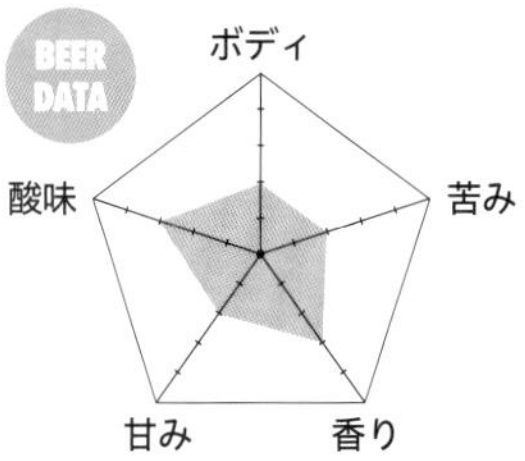

原材料 麦芽、ホップ、小麦、糖類、コリアンダー、オレンジピール

ABV 4.7%

問 小西酒造株式会社 輸入ビール部 ☎072-775-1524

BREWERY MOLSON COORS［モルソン・クアーズ］

アメリカ

ブルームーン

BLUE MOON

参考価格／492円(税込)　内容量／330ml

アメリカの大人気ホワイトエール オレンジを添えて楽しもう

1995年に生まれ、25ヵ国以上で親しまれるクラフトビール。小麦やオーツ麦、オレンジピールの組み合わせにより、ほのかな柑橘系の甘さがありながらすっきりとした口当たり。オレンジを添えて楽しむのもいい。アウトドアやスポーツ観戦にも。

BEER DATA

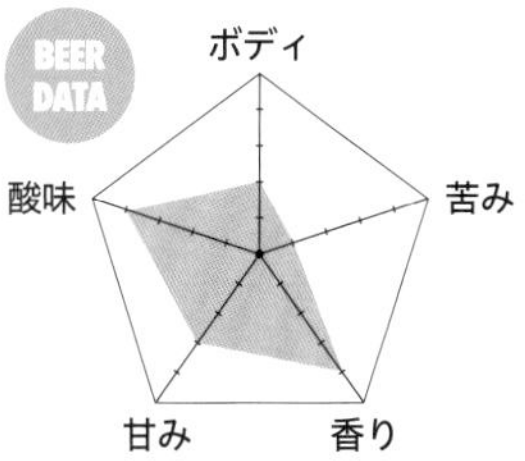

原材料 麦芽、ホップ、小麦麦芽、オーツ麦、コリアンダーシード、オレンジピール

ABV 5%以上6%未満

問 白鶴酒造株式会社　お客様相談室　☎078-856-7190

BREWERY Far Yeast Brewing［ファーイーストブルーイング］

日本 山梨

馨和 KAGUA Blanc

KAGUA Blanc

参考価格／699円(税込)　内容量／330ml

「日本発」の多彩なビールを発信 ゆずが香る和の食卓に合うビール

山梨を拠点に、日本発の多様なクラフトビールづくりに取り組むブルワリー。初の独自ブランドでもあるこの馨和は、ベルギーのハイレベルな醸造所と契約し、醸造されたもの。日本の料理に合うように設計された、ゆずの香り豊かな1本だ。

BEER DATA

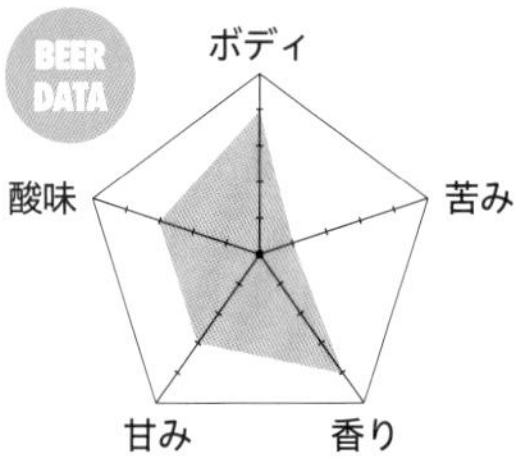

原材料 麦芽、ホップ、糖類、ゆず、コリアンダー、山椒

ABV 8.0%

問 Far Yeast Brewing 株式会社　E-mail：sales@faryeast.com

Sour Ale

サワーエール

野生酵母や乳酸菌を発酵させてつくる酸味のあるビール。
フルーツを一緒に発酵させたものもあり、酸味の強さはさまざま。
ベルギーのパヨッテンラント地域でつくられたもののみ、「ランビック」と呼ぶことができる。

参考価格／1101円（税込）　内容量／375ml

BREWERY CANTILLON［カンティヨン］

ベルギー

カンティヨン・グース

CANTILLON GUEUZE

奥深いコクと酸味の好バランスで ランビック初心者におすすめ

管理下にあるビール酵母ではなく、野生酵母を使ったランビックビールを初めて飲むなら、まずはこの１本から。年代の異なる３種類のランビックをブレンドしてつくられている。奥深いコクがありながらフルーティーで酸味も楽しめる、バランスのよさも魅力だ。

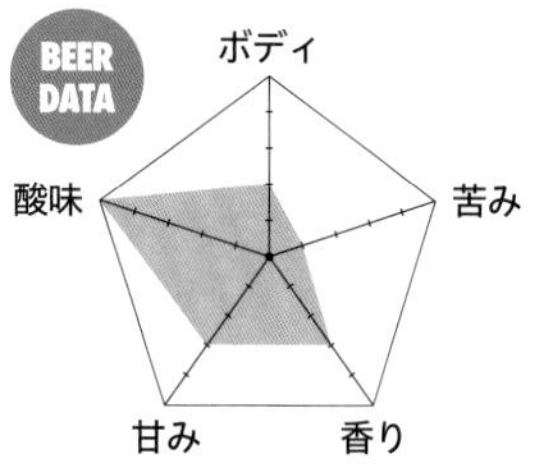

原材料 麦芽、ホップ、小麦
ABV 5.5%

問 小西酒造株式会社 輸入ビール部　☎072-775-1524

参考価格／838円（税込）　内容量／375ml

BREWERY BOON［ブーン］

ベルギー

ブーン・クリーク

BOON KRIEK

さくらんぼが甘酸っぱい ルビーレッドのランビック

天然酵母を使って自然発酵させたランビックビールに良質のサワーチェリーを漬け込んでつくられた１本。茶色がかったルビーレッドの色みが美しく、口に含むとさくらんぼの甘酸っぱい味わいが心地よく広がる。アルコールも4%と控えめで飲みやすい。

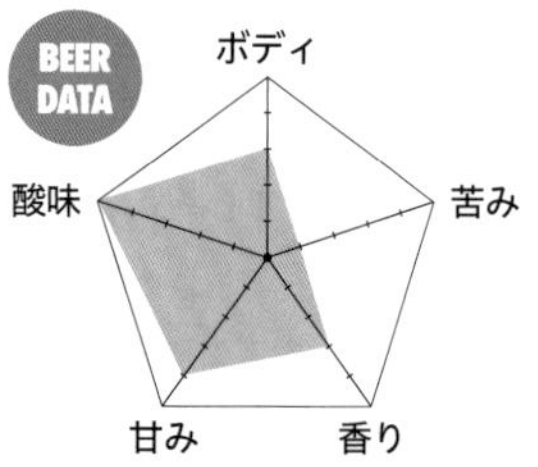

原材料 麦芽、ホップ、小麦、糖類、さくらんぼ／甘味料（アセスルファムK）
ABV 4.0%

問 小西酒造株式会社 輸入ビール部　☎072-775-1524

BREWERY Burley Oak［バーリーオーク］

アメリカ

オレンジマンゴーパイナップルバニラアイスクリームジェリーム

Orange Mango Pineapple Vanilla Ice Cream J.R.E.A.M.

参考価格／1710円（税込）　内容量／473ml

トロピカルなアイスを表現 スムージーのようなサワーエール

メリーランド州の醸造所、バーリーオークがつくる逸品。ネーミングのとおり、オレンジやマンゴー、パイナップルなどをふんだんに使用してフルーツアイスを表現した。まさにトロピカルなアイスクリームそのままのとろりとしたスムージーのようなサワーエールだ。

BEER DATA

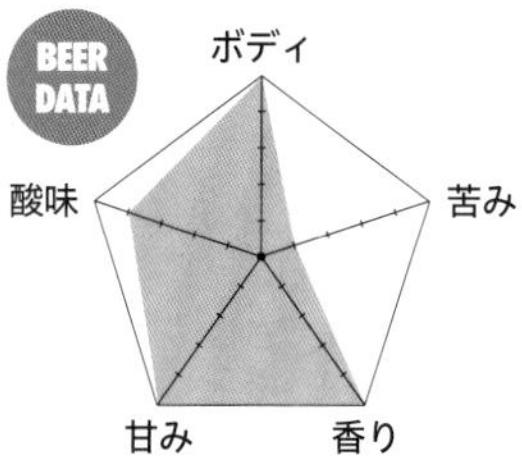

原材料　麦芽、ホップ、バニラ、オレンジ、マンゴー ほか

ABV　4.8%

問 ファイブ・グッド株式会社　E-mail：contact@fivegood.jp

BREWERY VERHAEGHE［ヴェルハーゲ］

ベルギー

ドゥシャス・ドゥ・ブルゴーニュ

DUCHESSE DE BOURGOUGNE

参考価格／616円（税込）　内容量／330ml

公女の名を冠した 赤ワインのようなレッドビール

西フランダース地方でつくられるレッドビール。かつてビール醸造支援の功績を残した、マリー・ド・ブルゴーニュ公女にちなんで名づけられた。赤ワインのようなダークレッドの逸品は、苦みは少なく、フルーティーでかつ厚みのある味わいに仕上がっている。

BEER DATA

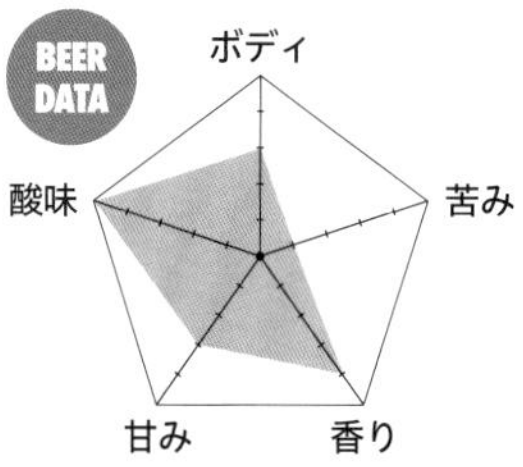

原材料　麦芽、ホップ、小麦、糖類

ABV　6.2%

問 小西酒造株式会社 輸入ビール部　☎072-775-1524

BREWERY RODENBACH［ローデンバッハ］

ベルギー

ローデンバッハ・グランクリュ

RODENBACH GRAND CRU

参考価格／787円（税込）　内容量／330ml

独自製法で長期熟成させた 珠玉のレッドビール

オーク樽の中で長期熟成させるベルギー独自の製法でつくられるレッドビール。なかでもこのグランクリュは２年間熟成させたものだけを瓶詰めした。口に含むと甘酸っぱさとコク、そして甘みがバランスよく広がるベルギーの珠玉の１本だ。

BEER DATA

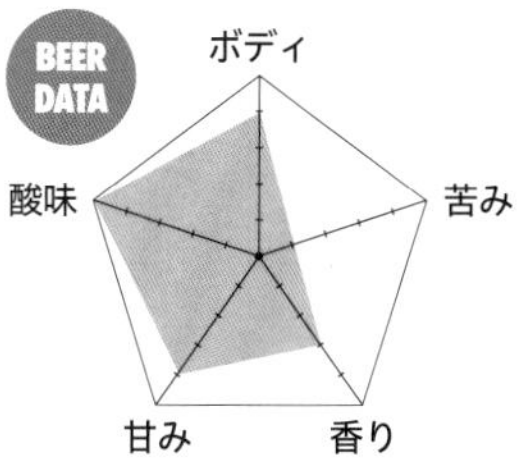

原材料　麦芽、ホップ、コーン、糖類

ABV　6.0%

問 小西酒造株式会社 輸入ビール部　☎072-775-1524

参考価格／5426円(税込)　内容量／750ml

BREWERY BFM［ビーエフエム］

スイス

アベッデ セン ボンシェン

Abbaye de Saint Bon-Chien

複数のオーク樽で熟成させた ワインのようなサワーレッド

フランス語で「かわいい犬」を指すボンシェンだが、実はかつてブルワリーにいた愛猫の名にちなむ。さまざまな種類のオーク樽で熟成させた原酒をブレンドしてつくられたスイスのサワーレッドエールは、ワインを思わせる奥深い味わいだ。

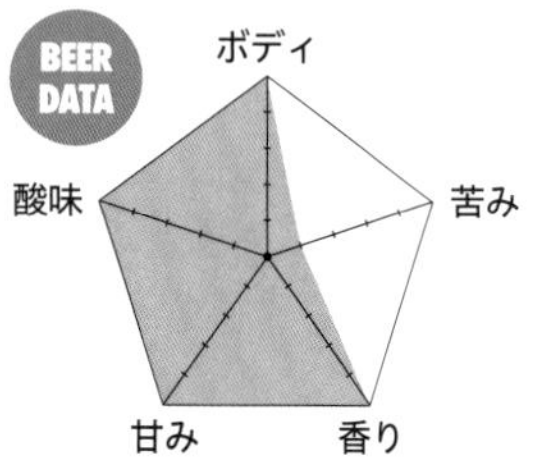

原材料 麦芽、ホップ
ABV 11.0%

問 株式会社 The Counter（http://www.thecounter.jp）

参考価格／1240円(税込)　内容量／473ml

BREWERY Topa Topa［トパトパ］

アメリカ

ピンカー ザン ロゼスタイルケトルサワーエール

PINKER THAN Rose-Style Kettle Sour Ale

ワイン用のグルナッシュ種を使用 ロゼ色のバランスよい１本

醸造所にほど近いワイナリーから仕入れた赤ワイン用のぶどう品種「グルナッシュ種」を使用してつくられたアメリカのサワーエール。美しいロゼ色の液色とぶどう由来の華やかな香り、そしてさわやかな酸味が楽しめるバランスのよい逸品だ。

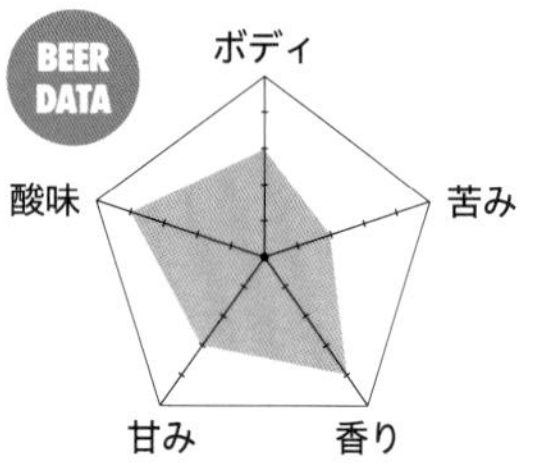

原材料 麦芽、ホップ、ぶどう
ABV 6.9%

問 株式会社ナガノトレーディング　http://www.naganotrading.com/

時間の経過とともに変化する色も楽しもう

参考価格／924円(税込)　内容量／473ml

BREWERY EX NOVO［エックスノボ］

アメリカ

ハロー マイネームイズ インディゴ モントーヤ

Hello, My Name Is Indigo Montoya

時間とともに緑色に変化 インディゴを使った個性派を楽しむ

レモンやグレープフルーツ、そしてインディゴ（藍）を使用してつくられた甘酸っぱいサワーエール。グラスに注ぐと初めはイエローの液色が、空気に触れると時間とともに変化し、最後は深いグリーンがあらわれる。ビジュアル的にも楽しめる、さわやかな香りの１本だ。

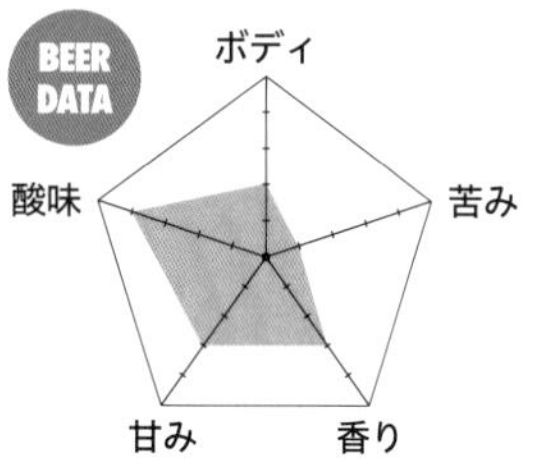

原材料 麦芽、ホップ、レモン、インディゴほか
ABV 5.4%

問 えぞ麦酒株式会社　☎011-614-0191

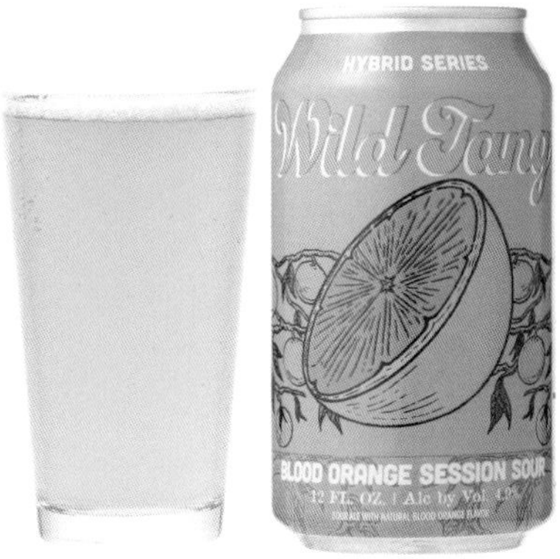

参考価格／814円（税込）　内容量／355ml

BREWERY Evolution［エボリューション］

アメリカ

ワイルドタン

Wild Tang

ブラッドオレンジ果汁を使った さわやかでリフレッシングな味わい

2009年にメリーランド州で創業された醸造所が手がける軽快なサワーエール。ブラッドオレンジ果汁を使用しているが、色みに赤みはなく美しいゴールド。飲んだあとには柑橘系のさわやかな香りがふんわりと鼻に抜ける、心地よいビールだ。

BEER DATA

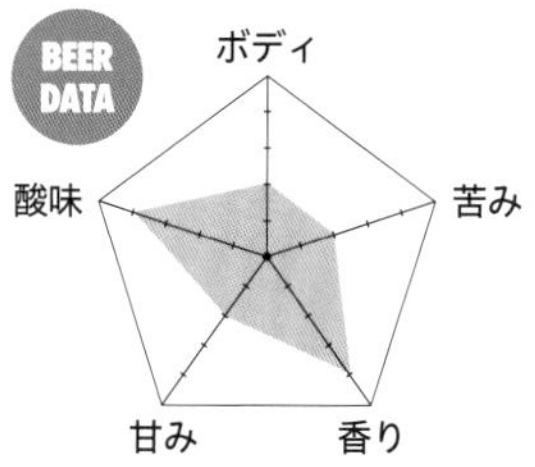

原材料　麦芽、ホップ、小麦、ブラッドオレンジ

ABV　4.9%

問 ファイブ・グッド株式会社　E-mail：contact@fivegood.jp

参考価格／オープン価格　内容量／355ml

BREWERY Stillwater［スティルウォーター］

アメリカ

オードノースウェスト オールドワイン ジンファンデル

Oude Northwest　Old Vine Zinfandel

ぶどうの搾りかすを入れて発酵 飲みごたえあるワイルドエール

ワシントン州の気鋭のブルワリーが手がける人気のワイルドエール。オーク樽で1年寝かせた同シリーズのベースビールである「クラシック」に、自家製赤ワインの醸造の際に残ったジンファンデル種のぶどうの搾りかすを入れて発酵。飲みごたえある味わいに仕上げた。

BEER DATA

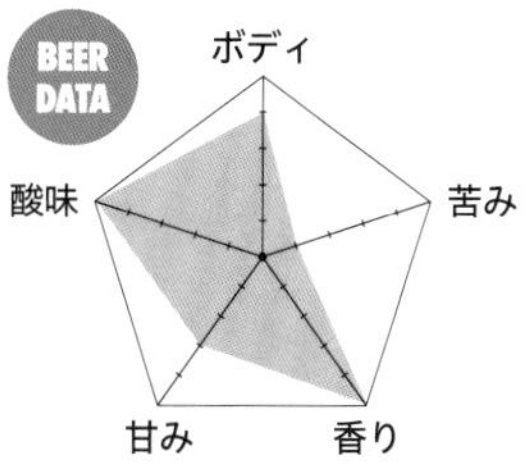

原材料　麦芽、ホップ、酵母、小麦、ぶどう

ABV　5.6%

問 株式会社 AQ ベボリューション　☎03-5904-9534

参考価格／1150円（税込）　内容量／330ml

BREWERY SCHNEEEULE［シュネーオイレ］

ドイツ

ケネディ

KENNEDY

さわやかでライトな味わい ドイツの伝統サワーエール

かつてナポレオンの軍隊が「北のシャンパン」と名付けたといわれる、ベルリナーヴァイセ（ベルリンの白ビール）のなかでも本格派の1本。シトラス系の香りが心地よい、さわやかでライトな味わい。明るい時間から飲みたいときのスターターとしてもうってつけだ。

BEER DATA

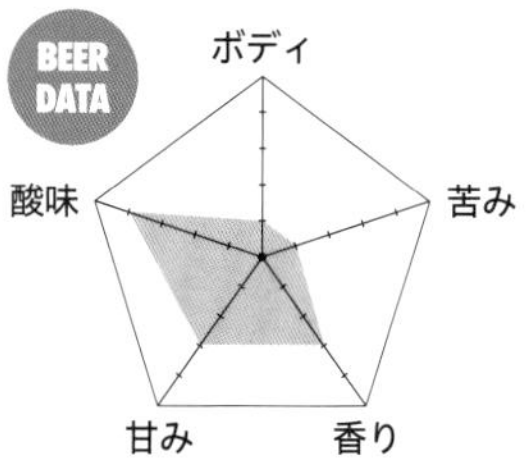

原材料　麦芽、ホップ、糖類

ABV　3.5%

問 BAKU-YA.ism 合同会社（https://bakuya-ism.co.jp/）

ヴァイツェン

小麦でつくられるドイツ発祥の伝統的なスタイルで、
泡立ちの豊かさと、フルーティーさが魅力の白ビール。
苦みが少なく、バナナやバニラのような甘い香りが楽しめる。

参考価格／528円(税込)　内容量／330ml

BREWERY 富士桜高原麦酒

日本
山梨

富士桜高原麦酒 ヴァイツェン

FUJIZAKURA HEIGHTS BEER WEIZEN

富士山北麓で育まれた まろやかな味わいと絹のような泡

富士山の北麓に位置するブルワリーは、ドイツ仕込みの醸造技術をベースに独自のクラフトビールを手がける。こちらのヴァイツェンは、新鮮酵母に由来するまろやかなバナナのような香りに、ほんのりとしたスパイシーさも。絹のような泡のなめらかさも堪能したい。

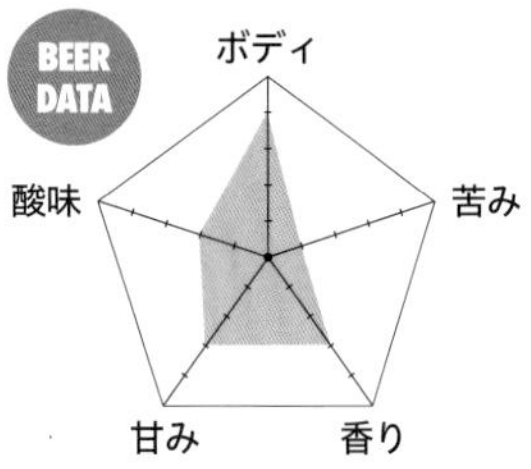

原材料 麦芽、ホップ
ABV 5.5%

問 富士桜高原麦酒　☎0555-83-2236

参考価格／578円(税込)　内容量／330ml

BREWERY Weihenstephaner［ヴァイエンステファン］

ドイツ

ヴァイエン ステファン ヘフヴァイス

Weihenstephaner Hefe Weiss

歴史の重みを感じながら まろやかなヴァイツェンを堪能

創業は1040年。ドイツ南部のバイエルン地方にある現存する世界最古のブルワリーだ。代表作であるヘフヴァイスは穏やかな小麦の香りと芳醇さをあわせ持つ逸品。ヴァイツェンを飲むなら、世界中で愛されるこの1本からはじめたい。

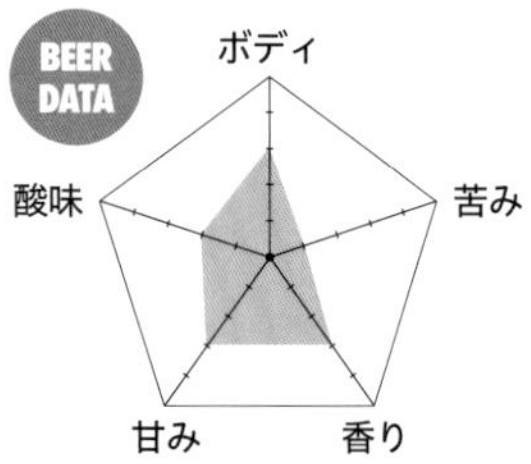

原材料 大麦麦芽、小麦麦芽、ホップ
ABV 5.4%

問 日本ビール株式会社　☎03-5489-8888　E-mail：info@nipponbeer.jp

参考価格／575円(税込)　内容量／330ml

BREWERY Schneider Weisse［シュナイダーヴァイセ］

ドイツ

TAP7 オリジナル

TAP7 Original

白ビール専門の老舗が手がける初心者にもおすすめの1本

白ビールを専門に手がける名門、シュナイダーヴァイセの定番商品。1872年の創業時から継承する王室レシピを守り、変わらぬ手法で醸造が続けられている。ヴァイツェンならではのフルーティーさと、きめ細やかでクリーミーな泡が楽しめる。ドイツビール初心者にも。

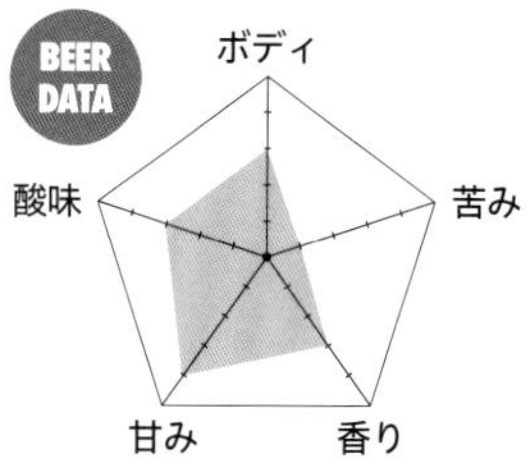

原材料 ＞ 麦芽、ホップ
ABV ＞ 5.4%

問 昭和貿易株式会社　☎03-5822-1384

参考価格／660円(税込)　内容量／330ml

BREWERY Schneider Weisse［シュナイダーヴァイセ］

ドイツ

アヴェンティヌス アイスボック

Aventinus Eisbock

特別な製法で生まれるアイスボックアルコール度数や旨みがアップ

ビールをタンクごと凍らせ、水分のみを取り除くことでつくられるアイスボック。濃縮され、アルコール度数や旨みの増した味わいが楽しめるタイプのヴァイツェンだ。こちらの1本は、プラムやアーモンドのようなダークな香味とフルボディの飲みごたえを堪能したい。

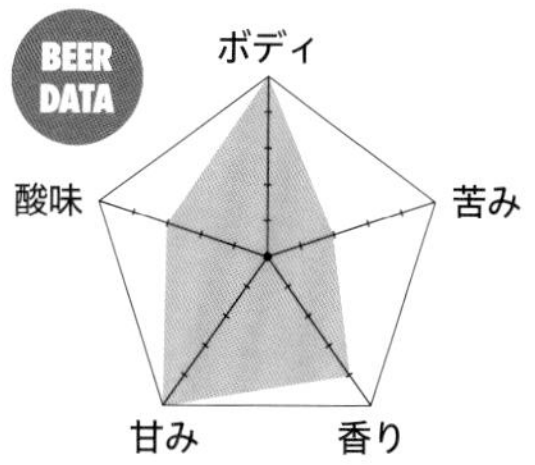

原材料 ＞ 麦芽、ホップ
ABV ＞ 12.0%

問 昭和貿易株式会社　☎03-5822-1384

参考価格／447円(税込)　内容量／330ml

BREWERY PAULANER［パウラーナー］

ドイツ

パウラーナー ヘフェ ヴァイスビア

PAULANER Hefe Weissbier

ドイツの名門ブルワリーがつくるまろやかな正統派ヴァイツェン

醸造元のパウラーナーは、ドイツでおこなわれる世界最大規模の祭典、オクトーバーフェストにビールを供給する6社のひとつ。なかでも代表的なこちらの1本は、本場ドイツの正統派ヴァイツェン。白濁したクリーミーなビールはフルーティーで、のどごしが心地よい。

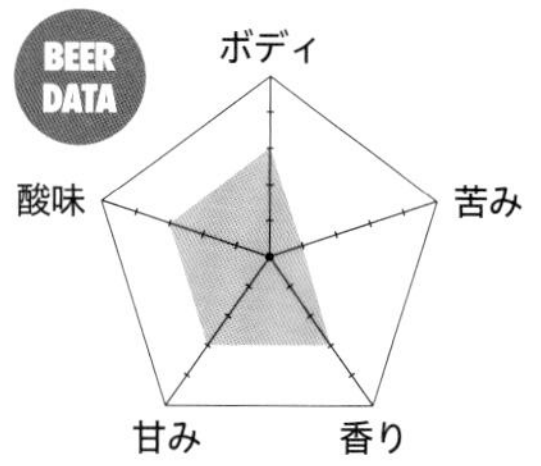

原材料 ＞ 麦芽、ホップ
ABV ＞ 5.5%

問 アイコン・ユーロパブ株式会社　E-mail：Info@htg-iep.com

希望小売価格／327円（税込）　内容量／330ml

BREWERY Schöfferhofer［シェッファーホッファー］

ドイツ

シェッファーホッファー グレープフルーツ

Schöfferhofer GRAPEFRUIT

グレープフルーツをミックスした世界で親しまれるヴァイツェン

ドイツのフルーティーな小麦ビールを手がけるブルワリー。ヴァイツェンとグレープフルーツジュースを50：50でミックスしてつくられた逸品はジューシーな味わいで、世界中にファンを増やし続けている。アルコール度数が低く、ヴァイツェン初心者にもおすすめ。

問 株式会社都光　☎03-3833-3541

BEER DATA

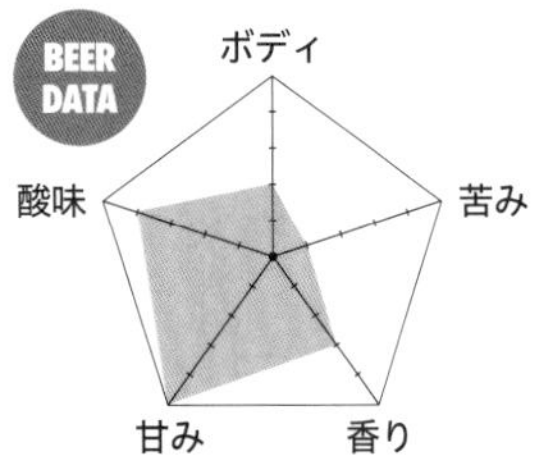

原材料	麦芽、ホップ、グレープフルーツジュース、砂糖、レモンジュース、オレンジジュース、レモン及びオレンジエキス、クエン酸　ほか
ABV	2.5%

COLUMN

ビールの個性を大きく決める麦芽の種類いろいろ

麦芽を知れば ビールもより味わい深い

ビールを構成する基本の原料は、麦芽、ホップ、水、酵母の4つ。なかでも大きなウェイトを占め、そのビールの個性に大きく影響するのが麦芽だ。

麦芽とは、大麦や小麦などの種子を発芽させ、苗になる前に加熱して乾燥させて成長を止めたもの。英語ではモルトと呼ばれる。

この麦芽の性質の違いが、ビールの味や香り、色などの個性になってあらわれる。そのため、目指すビールのタイプによって使用する麦芽も異なる。

ここでは、代表的な6種類の麦芽をご紹介しよう。

大麦の畑。黄金色になったら種子を収穫し麦芽にする

代表的な6種類の麦芽

最も一般的　ペールモルト

低温で時間をかけて乾燥させる。淡色のビールになり、日本国内で生産されているビールのほとんどに使用されている。

→ ピルスナー など

泡持ちがアップ　ウィートモルト

小麦の麦芽で、ビールを白濁させる。泡持ちをよくし、エールやラガーなどでは口当たりをまろやかにするために使用する。

→ ヴァイツェン など

コクが深まる　エールモルト

淡色のペールモルトより、やや色が濃く、赤みがかっている。ボディを強くする力があり、ビールのコクが深くなる。

→ エール など

バランスを整える　ミュンヘンモルト

色が濃く、ラガー用で、ペールモルトと一緒に使用することが多い。ビールの深みやボディを安定させる。

→ ラガー など

カラメルの色と香り　カラメルモルト

水分が残っている麦芽を焙煎することで甘みを引き出す。麦芽は赤っぽく、カラメルの香りのビールになる。

→ 甘みのあるビール など

焦げた香ばしさ　ローストモルト

ペールモルトを、ローストしてつくられる。コーヒーやスモークの香りがする、濃い色のビールになる。

→ スタウト など

Saison etc.

セゾンほか

セゾンはベルギーのワロン地方発祥。夏の農作業の合間に飲むためにつくられ、
軽やかな飲み口とフルーティーさが特徴的なスタイル。
ここではセゾンのほか、さまざまなスタイルのビールを紹介。

直売価格／698円(税込)　内容量／330ml

BREWERY Dupont［デュポン］

ベルギー

セゾン デュポン

Saison Dupont

260年以上の歴史を誇る さらりと飲みやすいビール

セゾンビールはベルギー南部の穀倉地帯・エノー州で夏の繁忙期に農作業の合間に水代わりに飲まれていたことに由来。ベルギーを代表するこのビールは、ホップの苦みが効いているのが特徴で、しっかりとした炭酸とさわやかなフルーティーさで、ぐいぐいいける。

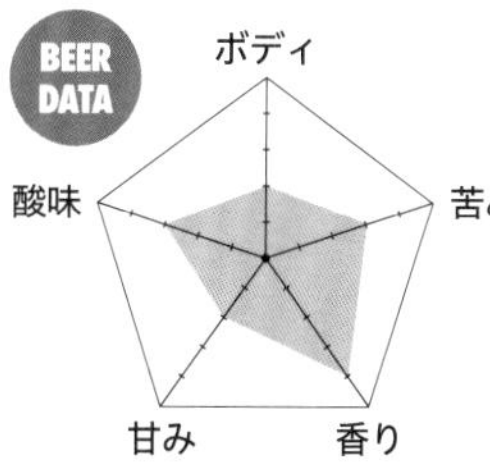

原材料 麦芽、ホップ、酵母、糖類
ABV 6.5%

問 ブラッセルズ株式会社　☎03-6206-6550

参考価格／848円(税込)　内容量／355ml

BREWERY Karl Strauss［カールストラウス］

ベルギー

レッドトロリーエール

Red Trolley Ale

キャラメルモルトたっぷり リッチで甘く優しい味わい

2010年と2012年のワールドビアカップで2大会連続金賞に輝いたアメリカン・レッドエール。レーズンやカシスのようなモルトの風味にホップの穏やかな苦みが見事に調和している。ローストの中にホップが香る甘く優しい味わいは、口当たりもスムース。料理のお供に。

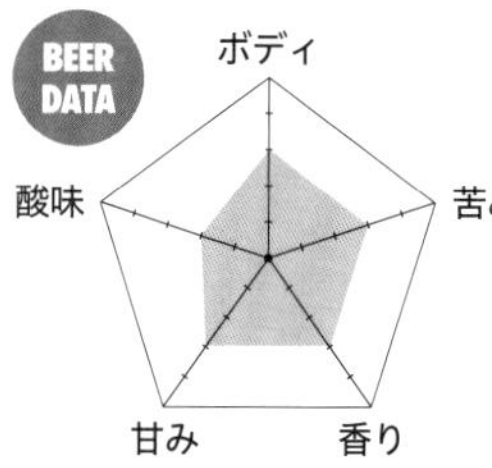

原材料 麦芽、ホップ
ABV 5.8%

問 株式会社ナガノトレーディング　http://www.naganotrading.com/

BREWERY o'hara's［オハラズ］

参考価格／447円(税込)　内容量／330ml

アイル ランド

オハラズ レッド

O'HARA'S RED

調和の取れた苦みとなめらかさ 複雑味が際立つレッドエール

1996年創立のブルワリーが、昔ながらのアイリッシュビールの味わいをクラフトビール界にアピールするために醸造した渾身のレッドエール。窒素を使用して、調和の取れた苦みと心地よいなめらかさに、ほんのりとしたロースト感も。肉料理やチェダーチーズにおすすめ。

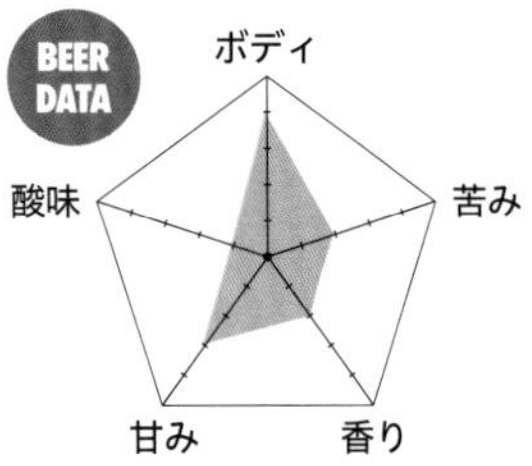

原材料 麦芽、ホップ、大麦、小麦

ABV 4.5%

問 アイコン・ユーロパブ株式会社　E-mail:Info@htg-iep.com

BREWERY 黄桜

参考価格／548円(税込)　内容量／330ml

日本 京都

キョウト クラシック

KYOTO CLASSIC

京都の紅葉や夜景をイメージ 清酒醸造技術を加えたビール

「文化の気品と現代のライブ感が融合した音楽のようなビール」をコンセプトに、酒造メーカー3社が競作したクラフトビールのひとつ。酒米と伏見の名水「伏水」を使って京都らしさを表現。甘みと苦みがマッチし、まろやかなロースト感が食事にも合わせやすい。

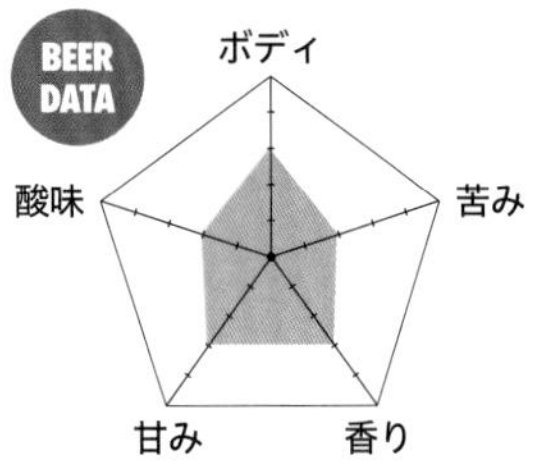

原材料 麦芽、米、ホップ

ABV 5.0%

問 黄桜株式会社　☎075-611-4101

BREWERY Captain Lawrence［キャプテンローレンス］

参考価格／814円(税込)　内容量／355ml

アメリカ

クリアウォーター ケルシュ

CLEAR WATER KöLSCH

NYの澄んだ水を使用した さわやかな味のドイツ風ビール

ニューヨーク・ウィンチェスターの澄んだ水でつくられたモルティでさわやかなドイツスタイルのゴールデンエール。口に含むと、リッチなモルトフレーバーとふんわりと香る柑橘の味わいが広がり、綺麗な水質を彷彿《ほうふつ》とさせる。スムーズで飲みやすい1本だ。

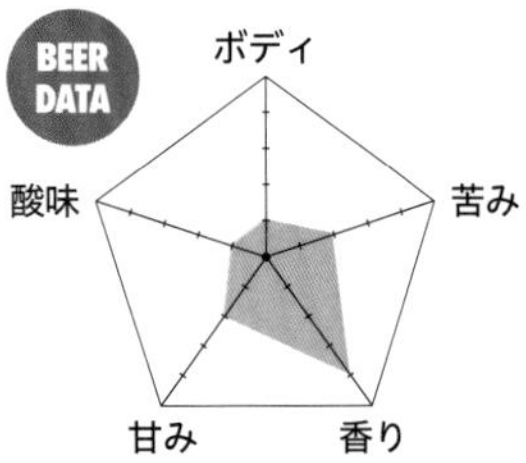

原材料 麦芽、ホップ

ABV 4.8%

問 ファイブ・グッド株式会社　E-mail：contact@fivegood.jp

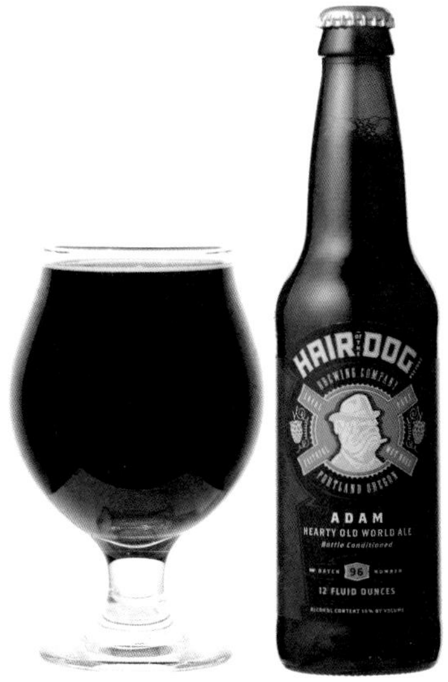

参考価格／1650円(税込)　内容量／355ml

BREWERY Hair of the Dog［ヘアオブザドッグ］

アメリカ

アダム

Adam

濃厚な甘みとロースト感 ビール上級者におすすめ

ドイツのドルトムントで始まった伝統的なビールスタイルを再現。濃厚な果実の甘みが口の中に広がり、こっくりベリーにしっかりしたロースト感が満喫できる。チョコレートやシガーなどのデザートビールにも。度数が高いので、ショットグラスでゆっくり飲みたい。

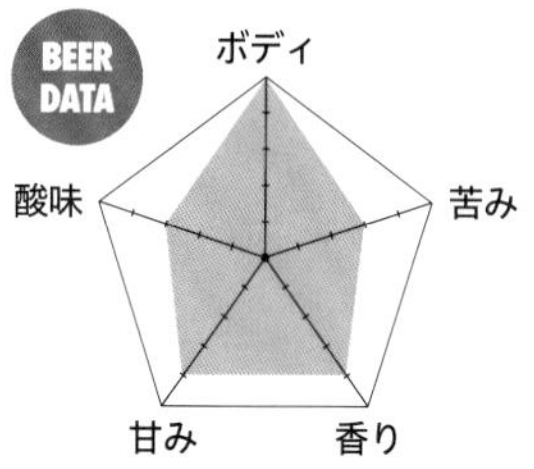

原材料 麦芽、ホップ

ABV 10.0%

問 えぞ麦酒株式会社　☎011-614-0191

参考価格／1052円(税込)　内容量／355ml

BREWERY Sierra Nevada［シエラネバダ］

アメリカ

ビッグフット バーレーワインスタイルエール

BIGFOOT Barley Wine Style Ale

心地よいアルコール感と どっしりした濃厚な味わい

モルトのどっしりした味わいにパシフィック・ノースイースト産のホール・ホップの刺激を加え、"野生の弾丸"のように濃縮したいかにもアメリカらしいバーレーワイン。フルボディながら味わいはスムースで、年月を経ると、シェリーやポートワインの味わいも出てくる。

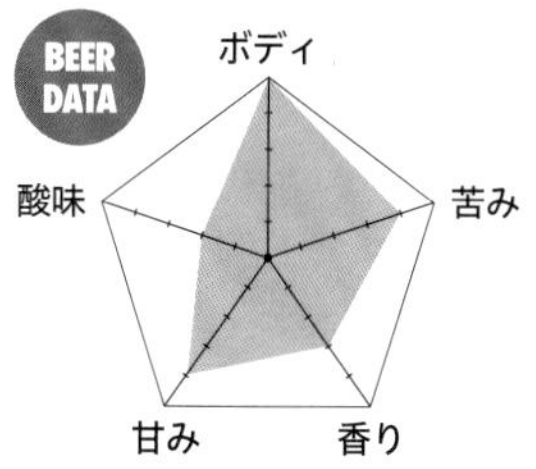

原材料 麦芽、ホップ

ABV 9.6%

問 株式会社ナガノトレーディング　http://www.naganotrading.com/

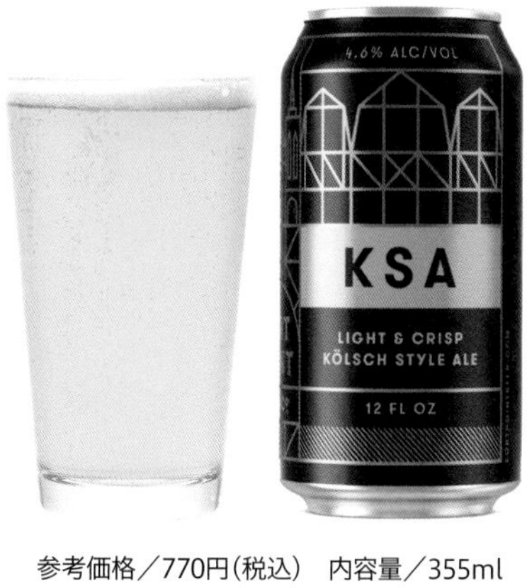

参考価格／770円(税込)　内容量／355ml

BREWERY Fort Point［フォートポイント］

アメリカ

ケーエスエー ケルシュスタイルエール

KSA Kölsch Style Ale

アメリカンなドイツビール 伝統的モルトにホップを加味

ドイツの伝統的なモルトに近代的なアメリカンホップを掛け合わせるという斬新な視点で生まれたゴールデンエール。モルトのリッチな味わいとホップの苦みが絶妙なバランスを構成。ケルシュの癖が強すぎず、すっきりボディにホップの効いたクリーンさが心地よい。

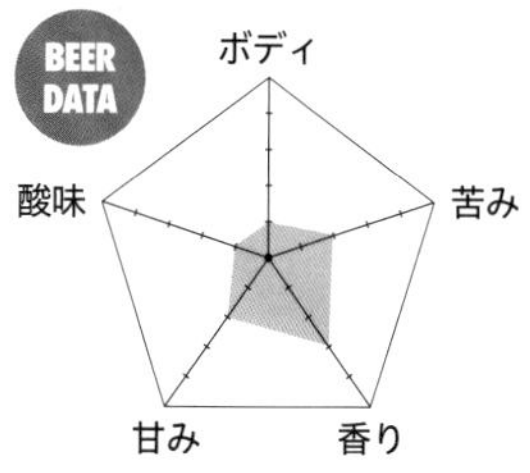

原材料 麦芽、ホップ

ABV 4.6%

問 株式会社ナガノトレーディング　http://www.naganotrading.com/

BREWERY Caldera Brewing［カルデラブルーイング］

アメリカ　ローステッド ハッチ チリ

ROASTED HATCH CHILI

参考価格／550円(税込)　内容量／355ml

ニューメキシコ産唐辛子使用
ピリッと辛いが味わいは爽快

商品名のとおり、ニューメキシコ州で栽培されるハッチ用のチリペッパーをローストして使用。唐辛子のさわやかなピリリ感が口の中を駆け抜け、最後にハニーのほのかな甘さが残る。唐辛子のイメージよりはマイルドな味わいで、この独特のフレーバーも人気の秘密だ。

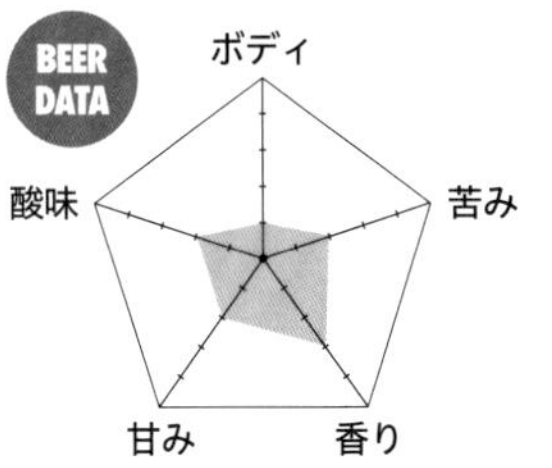

原材料 ＞ 麦芽、ホップ

ABV ＞ 5.5%

問 えぞ麦酒株式会社　☎011-614-0191

BREWERY Heller［ヘラー］

ドイツ　シュレンケルラ ラオホビア メルツェン

Schlenkerla Rauchbier Märzen

参考価格／761円(税込)　内容量／500ml

おつまみの要らないビール
強烈な燻製《くんせい》感と香ばしさ

何百年にもわたってドイツ南部の街・バンベルクで愛飲されている燻製ビールの元祖。酵母をビールのなかに残しておくことによって、フルボディで複雑な味わいを創出。鰹節をミックスさせたような強烈な燻製感と香ばしさが特徴。おつまみ不要でガンガンいけてしまう。

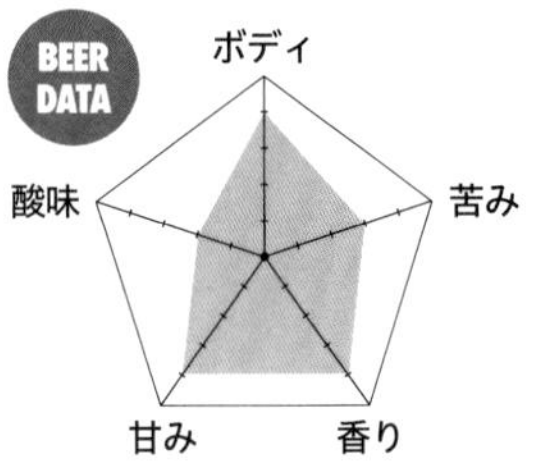

原材料 ＞ 麦芽、ホップ

ABV ＞ 5.1%

問 昭和貿易株式会社　☎03-5822-1384

MINI COLUMN

ドイツのスモーキーなビール「ラオホ」の魅力

ドイツにはバンベルク発祥のスタイル「ラオホ」がある。

濃い褐色の色味からは想像しづらいが、苦みはさほど強くなく、マイルドな甘い味わい。そして何より最大の特徴は、煙（ラオホ）で燻したスモーキーな香り。

近年では、ドイツ以外の国でも多数つくられるようになったため、それぞれの個性豊かなラオホが楽しめるようになった。心地よい燻製香をぜひ堪能してもらいたい。

ラオホの種類

「ラオホ」は大きく5つに分けられる。

ヘレス・ラオホ	淡い色とライトな味わいが特徴のヘレスとラオホのアロマとフレーバーを調和。モルトの軽いトースト香と、軽い甘み、弱い苦みがある。
メルツェン・ラオホ	メルツェン（オクトーバーフェストのためにつくられるビール）に、ラオホのアロマとフレーバーを調和。甘味や中度の苦みがある。
ヴァイス・ラオホ	ヴァイツェンをベースにしたラオホ。苦みはほとんどなく、フルーティーなバナナ香と、高い泡立ちが特徴。
ボック・ラオホ	濃厚な麦芽風味、強いアルコール、苦みなどのボックの特徴と、ラオホのスモーク香が調和したビール。
ドゥンケル・ヴァイス・ラオホ	ドゥンケル・ヴァイツェンをベースに、ローストモルト、スモーク香、酵母香が絶妙に調和。酵母の濁りがある。

BREWERY 富士桜高原麦酒

日本
山梨

富士桜高原 ラオホ

FUJIZAKURA HEIGHTS BEER RAUCH

参考価格／528円（税込） 内容量／330ml

世界コンペ二冠に輝いた 和の燻製感香る衝撃の味

2012年にワールド・ビア・カップとワールド・ビア・アワードで金賞をダブル受賞。スモークビールのラオホをベースに、モルト投入量を増やして長期熟成。ブナのチップで麦芽を燻製にすることによって、和の燻製感が香る超個性的な味に。口当たりもマイルドで飲みやすい。

「何杯でも飽きずに飲めるビールを」。そんな職人の想いがこだわりのビールを生む

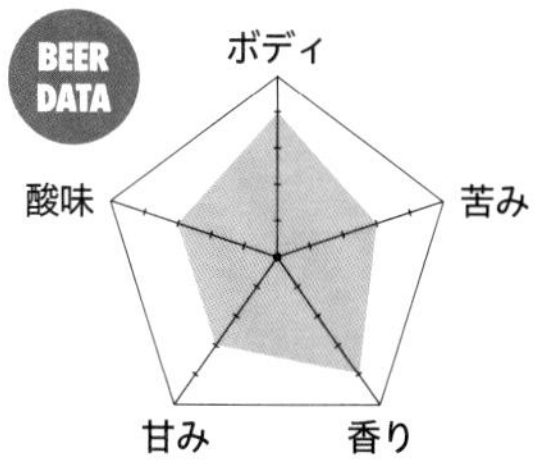

原材料 麦芽、ホップ

ABV 5.5%

問 富士桜高原麦酒 ☎0555-83-2236

BREWERY コエドブルワリー

日本
埼玉

COEDO 紅赤

COEDO Beniaka

参考価格／419円（税込） 内容量／333ml
※価格は2023年7月時点でのものです

欧米はじめ海外でも高評価 風味抜群の焼きいもビール

川越の代表的農産物であるさつまいもを世界で初めてビールの原料に使用したアンバーエール。さつまいもを遠赤外線で焼くことによって、糖分がカラメル化し、独特の風味を創出。甘みが強いなかにも、どっしりした飲みごたえで、ローストによる心地よい苦みも感じられる。

「コエドブルワリー」の原点ともいえるさつまいも。川越の大地からの恵みだ。

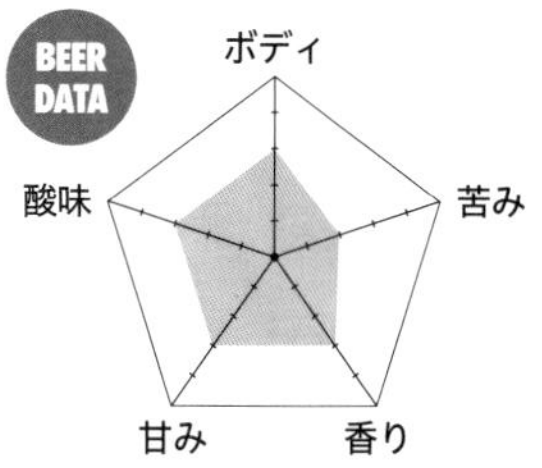

原材料 麦芽、さつまいも、ホップ

ABV 7.0%

問 コエドブルワリー（https://coedobrewery.com/）

BREWERY Pizza Port［ピッツァポート］

アメリカ

クロニック アンバーエール

Chronic Amber Ale

参考価格／895円(税込)　内容量／473ml

ライトボディでスムース IPAファンにもおすすめ

「慢性的」「依存性」などを意味するクロニックという名前のとおり、とことんハマってしまいそうな魅力に溢れたアンバーエール。すっきりとしたビターさとモルトの甘みが絶妙にマッチし、飲み口はとてもスムース。濃厚味や油の強いこってり系食べ物との相性もよい。

BEER DATA

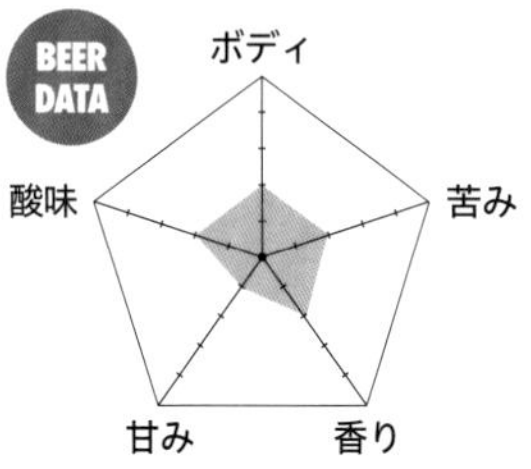

原材料 麦芽、ホップ
ABV 4.9%

問 株式会社ナガノトレーディング　http://www.naganotrading.com/

BREWERY JOHANA BEER［ジョウハナビール］

日本 富山

アールグレイ

EARL GREY

参考価格／450円(税込)　内容量／350ml

爽快感溢れる“紅茶のビール” アールグレイがビールに融合

紅茶とビールを融合させた個性的なフレーバーエール。紅茶はベルガモットの香りが特徴のアールグレイを使用しているため、さわやかな香味がたまらない。ビールでありながら、紅茶的な味わいもバランスよく保たれ、箸休めで気分を変えたいときに最適な１杯。

BEER DATA

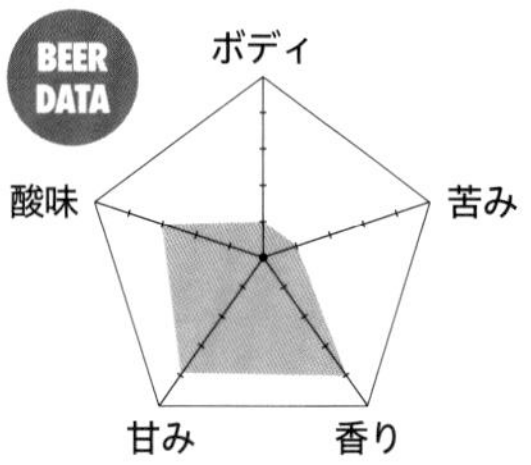

原材料 糖類(日本製造)、麦芽(イギリス、ドイツ)、紅茶、ホップ
ABV 4.5%

問 城端麦酒有限会社　E-mail：info@jo-beer.com

MINI COLUMN

日本人のビールの第一印象は“悪しきもの”だった⁉

日本におけるビールの最も古い記録は、江戸中期の1724（享保9）年。当時刊行された『阿蘭陀問答《おらんだもんどう》』に「ことのほか悪しきもので、何の味もない」と記されており、意外にも日本人のビールの第一印象はさほどよいものではなかったようだ。

鎖国中の日本にビールは根付かなかったものの、江戸末期の開国を機に本格的にビールがつくられるようになり、1869（明治2）年には横浜に日本初の醸造所ができた。その後、企業家たちがこぞってビール会社を立ち上げ、一時は150もの醸造所が誕生。明治後期には小さな醸造所は淘汰され、現在につながる大手ビールメーカーが形成されていく。

日本の純国産ビールの発売は明治10年。札幌ビールからラガービールが発売された（写真は明治11年のもの）。

明治32年には日本初のビヤホールがオープン。ヱビスビールの宣伝のためにつくられ、連日満員の大盛況だったという。

BREWERY 箕面ビール

日本 大阪

猿山鹿男

SARUYAMASHIKAO

直売価格／495円(税込)　内容量／330ml

日本酒感も漂う麹《こうじ》エール キレキレのドライな味わい

“一貫造り”で知られるお隣の能勢町・秋鹿酒造とのコラボビール。麹米・山田錦約10%を使用。麹酵素を最大限に生かせるよう発酵過程で投入、キレのあるドライな味わいを創出した。ほんのり残る米の風味と吟醸香が、秋鹿の日本酒に通じるシーズナルビールだ。

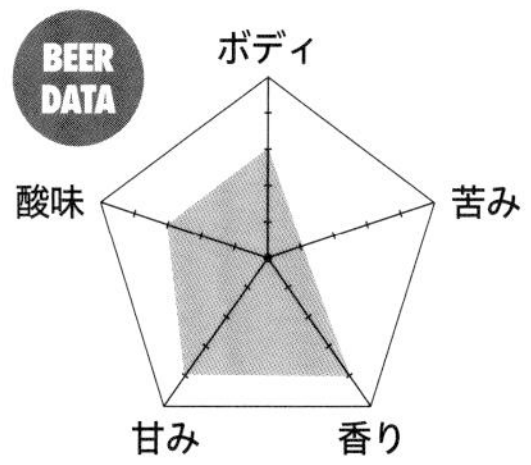

原材料 麦芽、ホップ、米麹

ABV 7.0%

問 株式会社箕面ビール　E-mail：info@minoh-beer.jp

BREWERY ECHOES［エコーズ］

アメリカ

モンクス インディスクレション

Monk's Indiscretion

参考価格／1233円(税込)　内容量／473ml

ベルギービールの味わいに アメリカンな果実感が融合

「共鳴」を意味するブルワリー名は、原点を守りつつ、さらに1歩進んだ商品を目指す理念に由来。前身であるサウンドブルワリー時代にもつくられていたベルジャンエールは、ベルギービールにインスパイアされたもので、柔らかな甘みとじわっとくる苦みがほどよくあう。

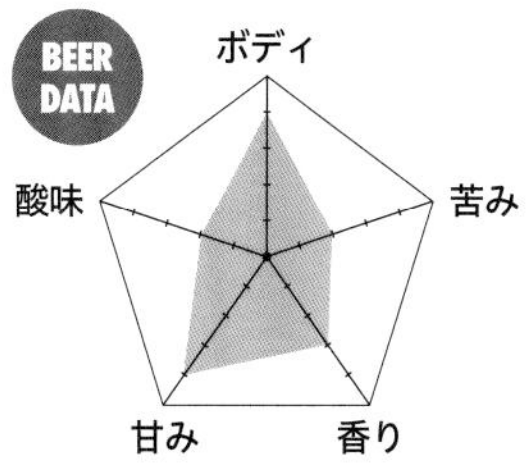

原材料 麦芽、小麦、ホップ

ABV 10.0%

問 輸入元：エバーグリーンインポーツは問い合わせに対応しておりません。

MINI COLUMN

ビールの製造工程が見られるブルワリー見学もおすすめ

クラフトビールの醸造を手がけるブルワリーでは、見学を受け付けているところもある。

小さな醸造所であれば、香りが高く、複雑な風味のあるエールビールの製造工程を見られることもある。上面発酵後に浮き上がってくる酵母を見たり、発酵中に生まれる香りを感じたりできると、そのビールへの愛着は、より一層増すはず。できたてのビールを試飲できる場合もあるので、チェックしてみよう

ブルワリーが見学を受け付けているかどうかは各社のホームページ等から確認を。また食品を取り扱う場所に入らせてもらうことを念頭に、決められたルールやマナーを守って楽しむことが大切だ。

クラフトビールのブルワリーは小規模なものも多く、より身近にビールを感じることができるはずだ（写真はイメージ）。

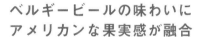

Lager&Pilsner

ラガー・ピルスナー

ラガーは下面発酵でつくられたビールの総称で、シャープな飲み口が特徴。
チェコ発祥のピルスナーはラガービールのスタイルのひとつで、
美しい黄金色、キレのあるのどごしが世界中で愛されている。

希望小売価格／327円(税込)　内容量／330ml

BREWERY Radeberger［ラーデベルガー］

ドイツ

ラーデベルガーピルスナー

Radeberger Pilsner

ビスマルクも認めた旨さ
パンチの効いた麦の苦み

1905年、ザクセン王室御用達になり、後にドイツ最初の宰相・ビスマルクにも認められた歴史と伝統を誇るジャーマンピルスナー。井戸水を厳選して醸造されたこだわりのビールは、豊かなモルトの香りとしっかりとしたコクが特徴で、力強いホップの苦みもたまらない。

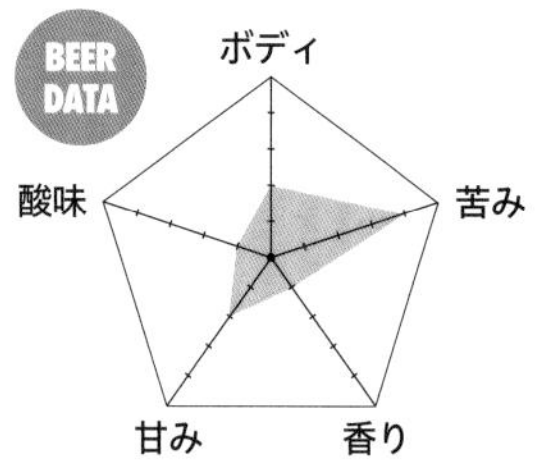

原材料　麦芽、ホップ
ABV　5.0%

問 株式会社都光　☎03-3833-3541

参考価格／オープン価格　内容量／330ml

BREWERY Pilsner Urquell［ピルスナーウルケル］

チェコ

ピルスナーウルケル

Pilsner Urquell

泡は濃厚かつクリーミー
苦みと甘みが絶妙にマッチ

1842年に誕生したピルスナースタイルの元祖。味へのこだわりから伝統的製法を守り、180年以上同じ醸造所、同じ素材でつくられている。口に含むと爽快さと自然の炭酸が生むキレのある味わいが広がっていく。後味のホップの苦みもクリアで、もう1杯飲みたくなる。

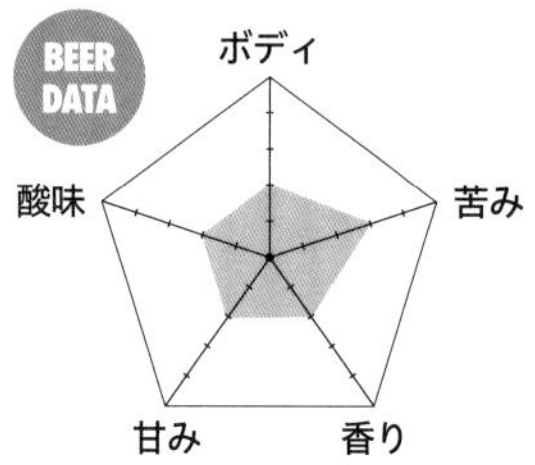

原材料　麦芽、ホップ
ABV　4.4%

問 アサヒビール株式会社　お客様相談室　☎0120-011-121

BREWERY ベアレン

日本
岩手

ベアレン クラシック

BAEREN CLASSIC

参考価格／400円(税込)　内容量／330ml

手づくりのクラシックビール 奥深くしっかりした味わい

19世紀初頭に世界四大ラガーと呼ばれたクラシックビールの中から重厚な味わいのドイツのドルトムンダーをチョイス。しっかりとした旨みと香ばしさに加え、落ち着いた苦みを堪能できる。どんな料理とも合わせやすいので、いつでも手元において日常的に楽しみたい1本だ。

南ドイツより移設した100年以上前の醸造設備でこだわりの本格ビールを手づくり

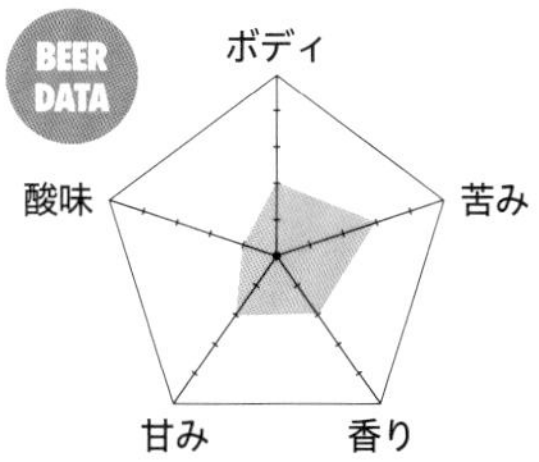

原材料 ＞ 麦芽、ホップ
ABV ＞ 6.0%

問 ベアレン醸造所（https://www.baerenbier.co.jp/contact/）

BREWERY BLACK TIDE BREWING［ブラックタイドブリューイング］

日本
宮城

ファーアンドアウェイ ノース

FAR AND AWAY NORTH

直売小売価格／770円(税込)　内容量／370ml

新しいラガー酵母と ホップオイルを使用

福岡県の「FUKUOKA CRAFT BREWING」とのコラボビール。シトラテルペンを使用したドライホップドラガーで、シトラス、グレープフルーツ、ベリーのようなすっきりしたフルーティーな味わいが特徴。FUKUOKA CRAFT 側のコラボ「サウス」と飲み比べてみたい。

毎年春と秋に気仙沼で開催されるビアフェス。今秋（9/30-10/1）も参加予定だ

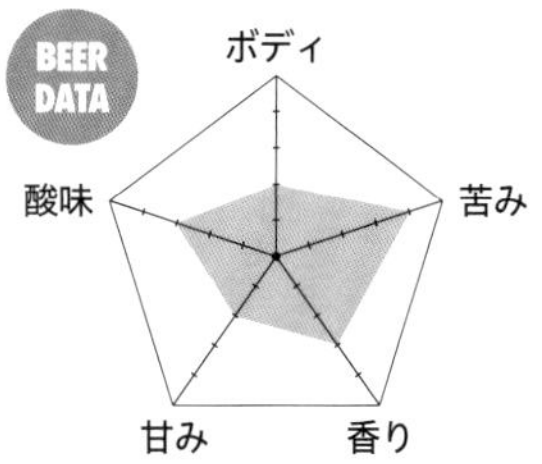

原材料 ＞ 麦芽、ホップ
ABV ＞ 5.5%

問 BLACK TIDE BREWING 合同会社　E-mail：info@blacktidebrewing.com

参考価格／621円(税込)　内容量／330ml

BREWERY Heineken［ハイネケン］

ジャマイカ

レッドストライプ

Red Stripe

ジャマイカの三大名物 風呂上がりに飲むと最高

ブルーマウンテン、レゲエとともにジャマイカの三大名物といわれるピルスナー。現在の輸入品はオランダの工場でつくられ、苦みの少ないすっきりした味わいで飲みやすく、まるで水を飲むかのようにグビグビ入ってしまう。ジャークチキンなどカリビアン料理と合わせたい。

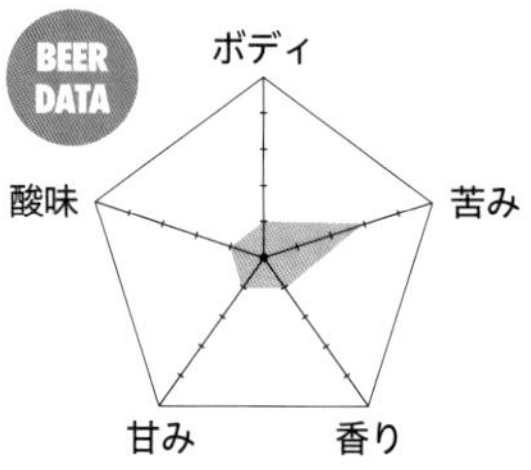

原材料　麦芽、糖類、ホップ
ABV　4.7%

問 日本ビール株式会社　☎03-5489-8888　E-mail：info@nipponbeer.jp

参考価格／1371円(税込)　内容量／473ml

BREWERY Hudson Valley［ハドソンバレー］

アメリカ

キンドリング

KINDLING

ほどよいスモークフレーバー ホップのさわやかな風味と調和

ヴィエナモルト、スモークモルト、テトナンガー、ザーツホップを使用。燻製感ぎっしりの味わいながら、レモングラスを思わせるほのかなハーブ感が漂い、あと口に酸味が心地よく広がる。苦みは少なめで、ラガーらしいのどごしのよさは癖になるおいしさ。

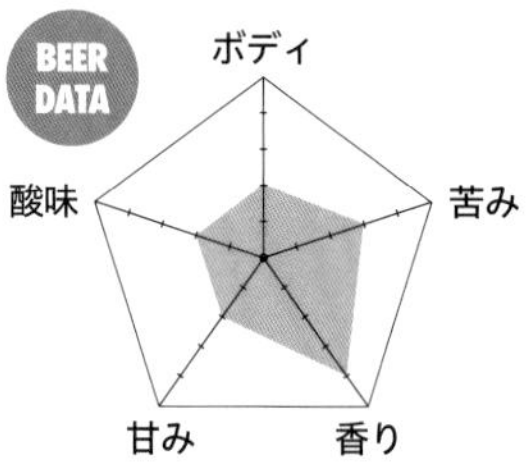

原材料　麦芽、ホップ
ABV　5.0%

問 ファイブ・グッド株式会社　E-mail：contact@fivegood.jp

参考価格／990円(税込)　内容量／473ml

BREWERY Los Angeles Ale Works［ロサンゼルスエールワークス］

アメリカ

デッドカウボーイ レッドラガー

DEAD COWBOY Red Lager

ドライな味わいのレッド 度数も低めでのどごし爽快

キトゥン（仔猫）シリーズの先駆けとなった「ルナーキトゥン」で知られるLAエールワークスの人気レッドラガー。ドイツのレッドモルトとパフレッドライスをたっぷり詰め込んだキャラメル風味のドライな味わい。こっくりとしたローストの旨みとのどごしが絶妙。

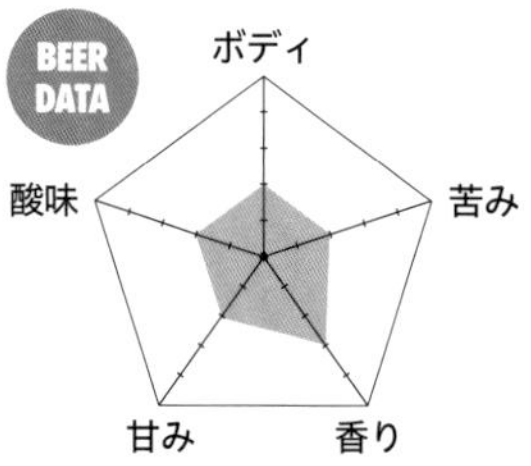

原材料　麦芽、ホップ
ABV　5.5%

問 株式会社ナガノトレーディング　http://www.naganotrading.com/

参考価格／579円(税込)　内容量／355ml

BREWERY BostonBeer［ボストンビア］

アメリカ

サミエルアダムス ボストンラガー

Samuel Adams Boston Lager

アメリカのロングセラーは 和食やケーキにもピッタリ

「グレート・アメリカン・ビール・フェスティバル」で何度も受賞し、「飲みたいビール」の1位になったロングセラー。通常のアメリカのビールより濃いめで、モルトの風味、旨みとさわやかさのバランスが絶妙。ハンバーガーやフライドチキンはもちろん、和食とも合う。

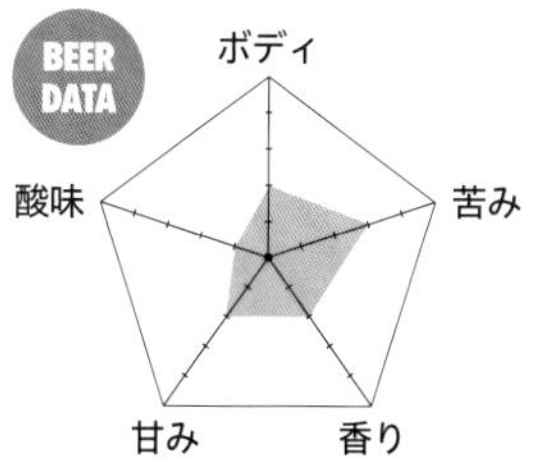

原材料　麦芽、ホップ

ABV　4.8%

問 日本ビール株式会社　☎03-5489-8888　E-mail：info@nipponbeer.jp

参考価格／オープン価格　内容量／473ml

BREWERY Stillwater［スティルウォーター］

アメリカ

レッドソース

RED SAUCE

ホッピーかつクリスプ 何杯でも飲めるすっきり味

スティルウォーターは「静止した水」、転じて「水玉のようなもの」。新しいビールを追求するこのブルワリーは、米国内でも州ごとの1位をとるなど実力を高く評価されている。ホップをしっかり効かせつつも軽快な飲み口のイタリアンピルスナーは何杯でも飲めてしまう。

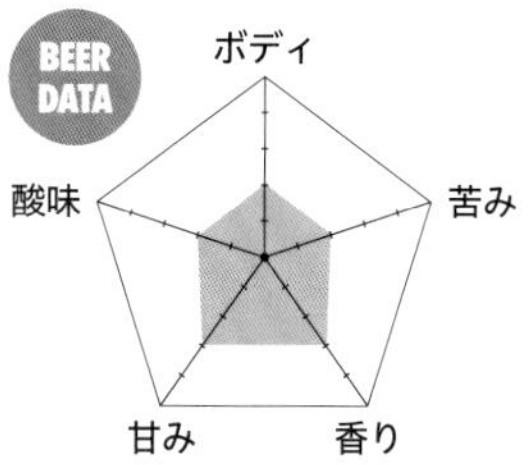

原材料　麦芽、ホップ、酵母

ABV　4.6%

問 株式会社 AQ ベボリューション　☎03-5904-9534

参考価格／1225円(税込)　内容量／473ml

BREWERY Fort Point［フォートポイント］

アメリカ

リップル ホッピーラガー

RIPPLE Hoppy Lager

昔ながらの味にこだわった さわやかで飲みやすいラガー

クラシックなフレーバーを創出するために、ドイツのヘレスラガーのようなシンプルなモルトをベースに、ウエストコースト系ホップをブレンド。すっきりボディで飲みやすい爽快系ラガーに仕上げている。優しいモルトの味わいとホップ由来の松の香りを満喫できる。

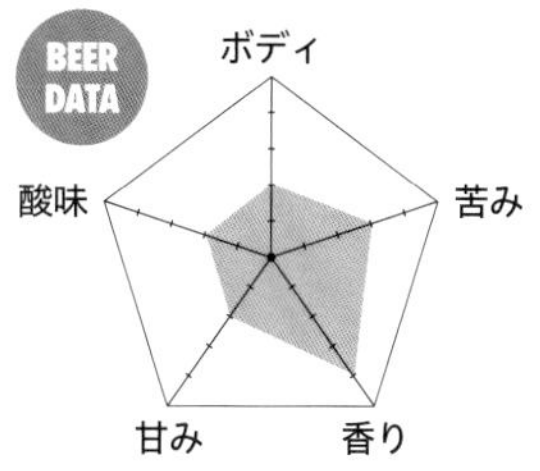

原材料　麦芽、ホップ

ABV　5.3%

問 株式会社ナガノトレーディング　http://www.naganotrading.com/

Belgian Beer

ベルギービール

ベルギービールはベルギーでつくられるビールの総称。
ここでは修道院でつくられているトラピストなどを中心に、
ビール大国の伝統が育んださまざまなスタイルを紹介。

参考価格／786円(税込)　内容量／330ml

BREWERY Orval［オルヴァル修道院］

ベルギー

オルヴァル

ORVAL

トラピスト・ビールのなかでも ホップの効いた特別な１本

トラピスト会の修道院内でつくられるトラピスト・ビールのなかでも、しっかりとホップの効いたスタイルが特徴。オルヴァル修道院がつくる唯一のビールで、1931 年からそのレシピは変わらない。琥珀色の逸品は多くのつくり手たちからリスペクトされている。

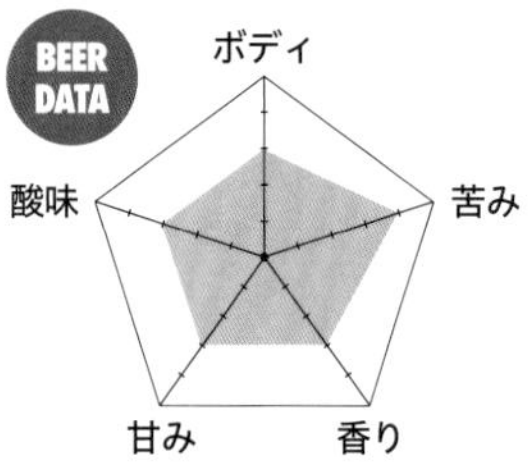

原材料 麦芽、ホップ、糖類
ABV 6.2%

問 小西酒造株式会社 輸入ビール部　☎072-775-1524

参考価格／584円(税込)　内容量／330ml

BREWERY SCOURMONT［スクールモン修道院］

ベルギー

シメイブルー

Chimay Blue

9度のアルコールを感じさせない コクと甘みのヴィンテージラベル

シメイビールの最高峰ともいうべき逸品で、ラベルには瓶詰めの年号が入る長期熟成タイプ。しっかりとしたコクと甘みが感じられ、そのバランスのよさは 9% のアルコール度数を感じさせないほど。取り扱い店舗も多く、日本でも親しまれているベルギービールだ。

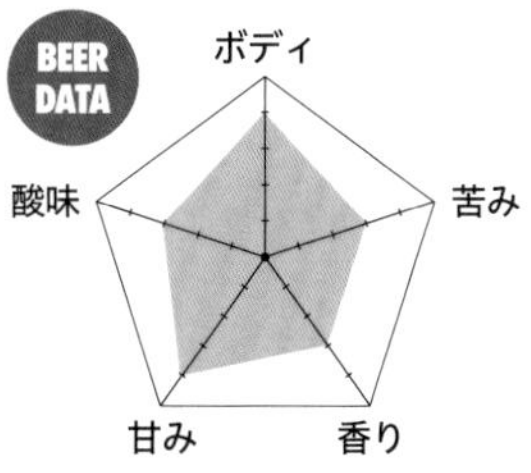

原材料 麦芽、ホップ、スターチ
ABV 9.0%

問 三井食品株式会社　☎03-6700-7100

参考価格／603円(税込)　内容量／330ml

BREWERY SCOURMONT［スクールモン修道院］

ベルギー

シメイグリーン

Chimay Green

シメイ150周年を記念した1本 味わいも好バランスのフルボディ

シメイ150周年を記念してつくられたもの。黄金色の液体にしっかりと溶け込んだ旨みと甘み、そしてスパイシーさで構成された絶妙なバランスのよさを感じることができる。フルボディながらもすっきりとした後味で、クリーミーな泡も心地よい。

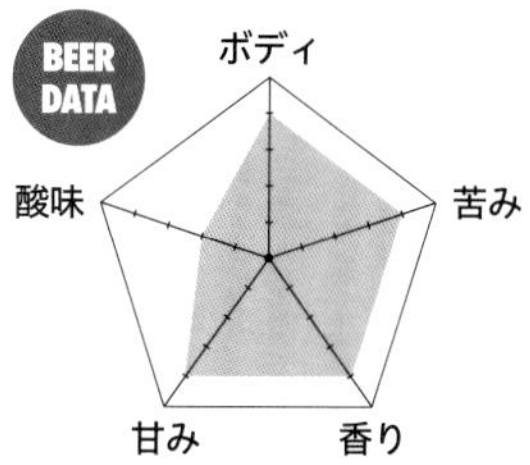

原材料 ＞ 麦芽、ホップ、スターチ

ABV ＞ 10.0%

問 三井食品株式会社　☎03-6700-7100

参考価格／616円(税込)　内容量／330ml

BREWERY Westmalle［ウェストマール］

ベルギー

ウェストマール・ダブル

WESTMALLE DUBBEL

モルトの香ばしさと苦みの余韻 心地よく飲めるフルボディのブラウン

1836年にウェストマール修道院の修道士たちが自らのためにビールを醸造したのが始まり。こちらの「ダブル」は原材料の量を贅沢に使ったボディ感のある1本。ダークブラウンの深い色みで、モルトの香ばしさとほんのりと感じる苦みの余韻が心地よい。

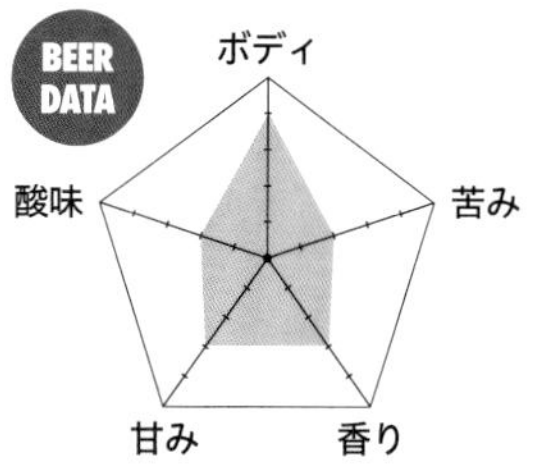

原材料 ＞ 麦芽、ホップ、糖類

ABV ＞ 7.0%

問 小西酒造株式会社 輸入ビール部　☎072-775-1524

参考価格／オープン価格　内容量／330ml

BREWERY VAN HONSEBROUCK［ヴァンホンスブルック］

ベルギー

キャスティール トリプル

KASTEEL TRIPEL

旨みとフルーティーさを堪能 城で醸造されるストロングエール

かつて要塞として建てられた城をブルワリーのオーナーが購入し醸造所として使用。「キャスティール」の名も城にちなむ。こちらのビールはしっかりとした旨みとフルーティーさが味わえる、黄金色のストロングエールだ。アルコールも11度と飲みごたえ十分。

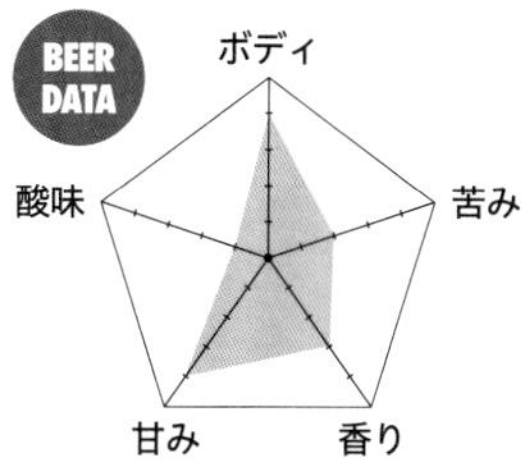

原材料 ＞ 麦芽、糖類、ホップ

ABV ＞ 11.0%

問 ユーラシア・トレーディング株式会社　☎03-6458-8626

参考価格／オープン価格　内容量／330ml

BREWERY VAN HONSEBROUCK［ヴァンホンスブルック］

ベルギー

バリスタ チョコレート クオード

BARISTA CHOCOLATE QUAD

チョコレートブラウニーのような甘くふくよかな香りとコク

チョコレートブラウニーやコーヒー、ココアなどを思わせる甘くふくよかな香りをまとったダークブラウンの逸品。原材料にはそれらをいっさい使わずにこの個性を表現したところにすごさがある。どっしりとしたフルボディでコクがあり、後に広がる苦みもいい。

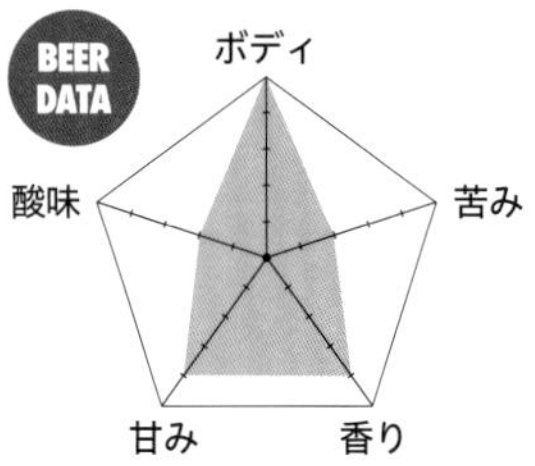

原材料｜麦芽、ホップ、糖類ほか
ABV｜11.0%

問 ユーラシア・トレーディング株式会社　☎03-6458-8626

参考価格／559円（税込）　内容量／330ml

BREWERY DUVEL［デュベル］

ベルギー

デュベル

DUVEL

"魔性"を秘めた香りと味わいの代表的なゴールデン・エール

日本国内でも1、2を争う知名度の高さを誇るベルギービール。「悪魔」を意味する名のとおり、デュベルならではの持ち味である複雑な香りと味わいは「世界一魔性を秘めたビール」と称される。きめの細かい泡と淡い金色の液色ながら、ボディは強め。

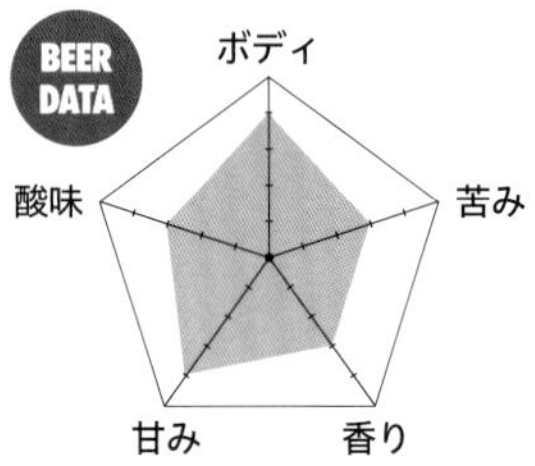

原材料｜麦芽、ホップ、糖類
ABV｜8.5%

問 小西酒造株式会社 輸入ビール部　☎072-775-1524

MINI COLUMN

飲みやすさについ杯を重ねる？ベルギーのハイアルコールビール

ベルギーのビールのなかでもアルコール度数が7〜11%と高めのものは「ベルジャン・ストロング・エール」と呼ばれる。

ムースのようなきめ細やかな泡で、ライト〜ミディアムボディのものが多い。甘くフルーティーなものも多く、度数ほどアルコールの強さを感じないため、その飲み口のよさについ何杯もいけてしまう。出したい色に合わせて、ホワイトやブラウンのキャンディシュガー（氷砂糖）が使われることも。

ベルジャン・ストロング・エールの種類

「ベルジャン・ストロング・エール」は大きく5つに分けられる。

ベルジャン・デュベル	チョコレートやカラメルの複雑で濃厚なモルトの甘味が強い。フルーティーで中弱の苦みがあり、後味はドライ。
ベルジャン・トリペル	胡椒風のスパイスと柑橘系フルーツ、アルコールが一体となったソフトなモルト風味。少々甘く、やや苦い後味。
ベルジャン・ゴールデン・ストロング・エール	オレンジ、リンゴなどのフルーツやスパイス、花のようなホップのアロマ。わずかに甘く、後味はドライ。
ベルジャン・ダーク・ストロング・エール	濃厚なモルトにカラメル、トースト風のアロマ。ドライフルーツ風味で、やや甘く、苦みは弱い。
ベルジャン・ペール・ストロング・エール	色を薄めて発酵を促す、キャンディシュガー（氷砂糖）を使用。

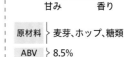

BREWERY HUYGHE［ヒューグ］

ベルギー　デリリュウム トレメンス

Delirium Tremens

参考価格／オープン価格　内容量／330ml

“幻覚症状”の名を冠した 力強い泡のゴールデンエール

ネーミングはなんと、ラテン語で「アルコール依存による幻覚症状」を意味するという。ラベルには幸せのシンボルとされるピンクの象が描かれている。しっかりとした甘みと苦みの味わいを泡の力強さで見事にまとめあげたゴールデンエールだ。

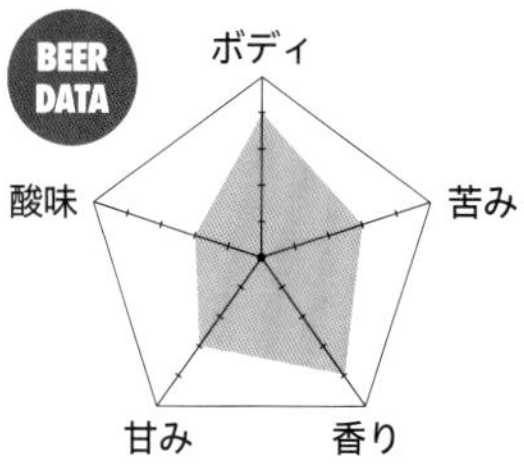

原材料｜麦芽、ホップ、酵母、糖類

ABV｜8.5%

問 株式会社廣島　☎092-733-0822

BREWERY Lindemans［リンデマンス］

ベルギー　リンデマンス ペシェリーゼ

Lindemans Pecheresse

小売価格／479円（税込）　内容量／250ml

野生酵母を用いた伝統製法 桃のジュースのような軽やかさ

空気中に浮遊する野生酵母を使い、自然発酵させてつくるブリュッセル地方の伝統的ビール、ランビックのひとつ。開栓すると桃の香りが広がり、フルーツジュースのような味わいが楽しめる。苦みはほとんどなく、アルコール度数も控えめなのでビールが苦手な人にも。

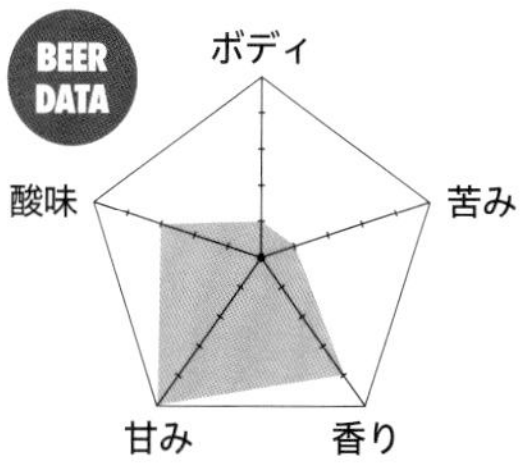

原材料｜もも果汁、麦芽、糖類、小麦、ホップ　ほか

ABV｜2.5%

問 三井食品株式会社　☎03-6700-7100

BREWERY St.Bernardus［セントベルナルデュス］

ベルギー　セントベルナルデュス アブト

St.Bernardus Abt

直売価格／730円（税込）　内容量／330ml

チョコレートのような深い余韻 ゆっくり味わいたい逸品

フランスとの国境にほど近い醸造所で、1946年からつくられている。「大修道院長」を意味するアブトの名のとおり、アルコール度数も高めのどっしりとしたフルボディタイプ。チョコレートにベリーのような深みのある余韻が楽しめる。ゆったりとくつろぎたいときに。

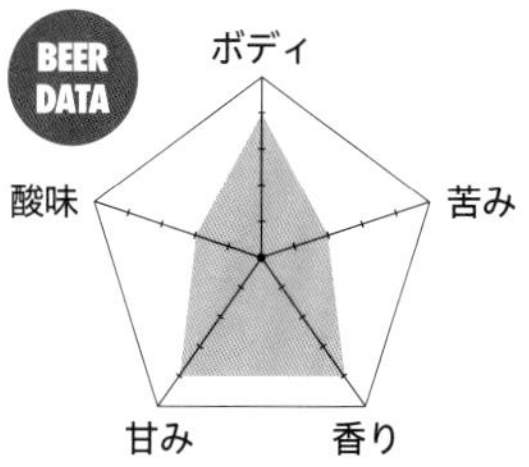

原材料｜麦芽、ホップ、糖類

ABV｜11.0%

問 EVER BREW 株式会社　☎03-6206-6550

BREWERY BOSTEELS［ボステールス］

参考価格／オープン価格　内容量／750ml

ベルギー

デウス

Deus

シャンパーニュ製法でつくる繊細で贅沢なスペシャルビール

ベルギーで醸造と発酵を経て熟成させたのちに、フランスで酵母等を加えて瓶詰め。シャンパンと同じ製法で仕上げられた特別感のあるビールだ。ボトルにも高級感があり、繊細で贅沢な味わいを堪能することができる。シャンパングラスで楽しむのもいい。

問 株式会社廣島　☎092-733-0822

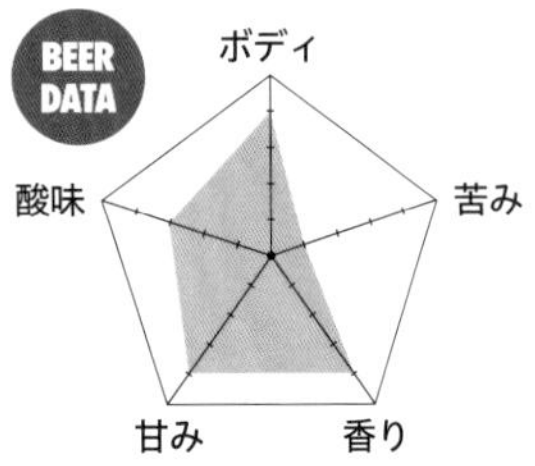

原材料	麦芽、小麦、ホップ、糖類、酵母、オレンジピール、コリアンダー
ABV	11.5%

COLUMN

「アロマ」と「フレーバー」はどう違う？

すぐに口をつけるのではなく、ホップやモルトの香りを楽しんでみよう

五感を研ぎ済まして、楽しんでみよう

アロマとフレーバー、どちらもビールの香りを表現する際によく使われる言葉だが、どう違うのだろうか。

アロマは鼻から直接感じる香り、フレーバーは口に含んだときや、そこから鼻に抜けていくときに感じる香りを指す。アロマやフレーバーを表現するものとしてよく使われるワードを下にまとめたので、クラフトビールを味わう際にはぜひ意識してみよう。

アロマとフレーバーを表すおもなワード

ダイアセチル	バタースコッチのような甘い香り
エステル	果実のような甘くフルーティーな香り
カラメル	砂糖を軽く焦がしたような香り
フェノーリック	クローブを思わせるスパイシーな香り
トースト香	パンを焼いたような香り
スモーク香	燻製のような、燻された、煙の香り
DMS※	コーンクリームのような香り
イースト香	麹やイースト菌、酵母の香り

※ DMS（硫化ジメチル＝ Dimethyl sulfide）

BREWERY DE RANKE［デ・ランケ］

ベルギー　イクスイクスビター

XX bitter

直売価格／670円(税込)　内容量／330ml

ホップの強い苦みが魅力 新しい醸造所のブロンドエール

デ・ランケは2005年に設立された新しい醸造所ながら、世界的に高い評価を得ている。こちらの1本はベルギービールのなかでも特にしっかりとしたホップの苦みが味わえるタイプ。しかし決して苦いだけではなく、ほんのりとした柑橘系のさわやかさも感じられる。

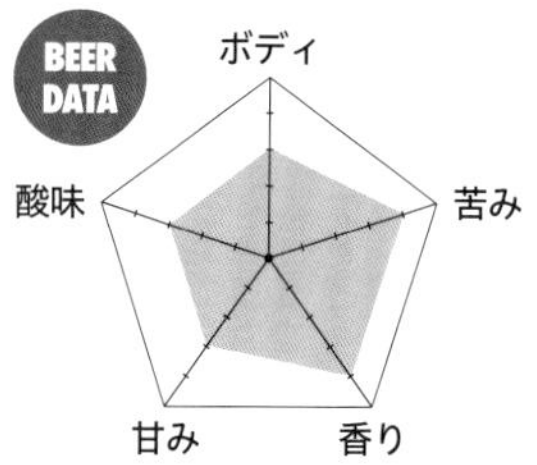

原材料 麦芽、ホップ、糖類

ABV 6.0%

問 EVER BREW株式会社　☎03-6206-6550

BREWERY Liefmans［リーフマンス］

ベルギー　リーフマンス

LIEFMANS

参考価格／390円(税込)　内容量／250ml

さくらんぼやベリーを使った 深紅の甘いフルーツビール

美しいルビーレッドの液色が目を引くフルーツビール。漬け込んで熟成させたさくらんぼやベリー系のジュースをブレンドしてつくられた甘い1本。オンザロックで深紅の一杯を楽しむのもいい。アルコール度数も控えめで、お酒が苦手な人にもおすすめだ。

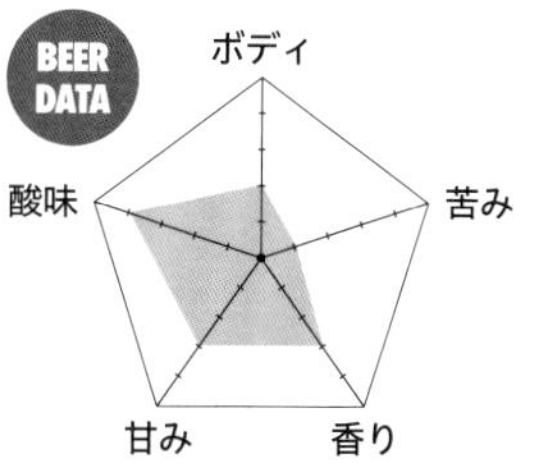

原材料 麦芽、ホップ、糖類、さくらんぼ、フルーツジュース（ストロベリー、ラズベリー、チェリー、ブルーベリー、エルダーベリー）ほか

ABV 3.8%

問 小西酒造株式会社 輸入ビール部　☎072-775-1524

BREWERY LEFEBVRE［ルフェーブル］

ベルギー　ニュートン

Newton

参考価格／562円(税込)　内容量／330ml

青りんご果汁を加えた ジュースのようなビール

開栓すると同時に広がる豊かな青りんごの香り。ホワイトエールに青りんごの果汁を加えてつくられており、ボトルのカラーもまさにそれを思わせるさわやかなグリーン。アルコールも3.5%と低く、ジュースのような感覚でぐいぐい飲めるフルーツビールだ。

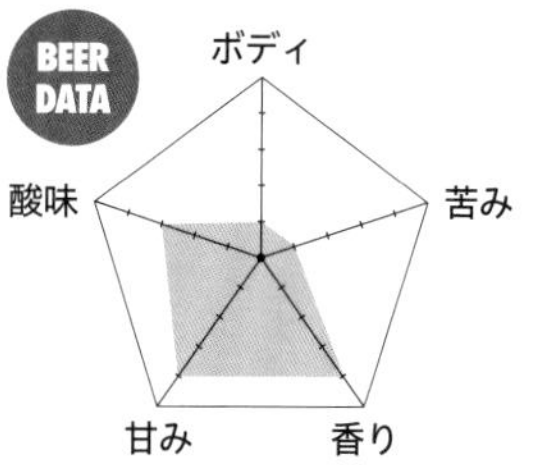

原材料 大麦麦芽、小麦麦芽、ホップ、リンゴ果汁、果糖、ブドウ糖、香料、クエン酸

ABV 3.5%

問 日本ビール株式会社　☎03-5489-8888　E-mail：info@nipponbeer.jp

監修／BEER-MA（びあマ）

ビールや日本酒をはじめとする食文化をトータルでサポートする「株式会社谷口」が運営するクラフトビールの専門店。東京の北千住、神田、亀戸に店舗を構え、常時1000種類を超える銘柄が揃う。Barスタイルの店内で料理と一緒に楽しめるほか、ビールのみを購入してその場で飲めるなど、テイクアウトも可能。東京にいながら世界中のビールを堪能できる店として、多くのビール愛好家から高い支持を受けている。

STAFF
協力／ファーイーストブルーイング（山梨県小菅村）
写真撮影／内海裕之
写真／photo AC、氏家岳寛、大江弘之、久保寺誠、佐藤幸稔、清水紘子、庄司直人
表紙・本文デザイン＆DTP／NOVO
編集協力／平田治久（NOVO）、細田操子、久保田龍雄、廣井章乃

知れば知るほどおいしい！
クラフトビールを楽しむ本

2023年8月15日　第1刷発行

監　修	BEER-MA
発行人	土屋　徹
編集人	滝口勝弘
編集担当	神山光伸、鹿野育子
発行所	株式会社Gakken 〒141-8416　東京都品川区西五反田2-11-8
印刷所	大日本印刷株式会社

●この本に関する各種お問い合わせ先
・本の内容については、下記サイトのお問い合わせフォームよりお願いします。
https://www.corp-gakken.co.jp/contact/
・在庫については　Tel 03-6431-1201（販売部）
・不良品（落丁、乱丁）については　Tel 0570-000577
学研業務センター　〒354-0045 埼玉県入間郡三芳町上富279-1
・上記以外のお問い合わせは　Tel 0570-056-710（学研グループ総合案内）

学研グループの書籍・雑誌についての新刊情報・詳細情報は、下記をご覧ください。
学研出版サイト　https://hon.gakken.jp/

※本書は2014年に刊行した『ビール事典』（学研パブリッシング）の内容を改編し、新規取材をもとに再編集したものです。